MURIERS

ET

VERS A SOIE,

LEUR CULTURE ET LEUR ÉDUCATION DANS LE CLIMAT DE PARIS, ET MOYENS D'OBTENIR, CHAQUE ANNÉE, PLUSIEURS RÉCOLTES DE SOIE;

Par **M. LOISELEUR-DESLONGCHAMPS,**

Membre honoraire de l'Académie de médecine, membre du Conseil de la Société d'horticulture, de celle des progrès agricoles, etc.

(*Extrait du* Cultivateur, *journal des progrès agricoles.*)

PREMIÈRE PARTIE.

DES MURIERS.

L'art d'élever le ver à soie et de fabriquer des étoffes avec le fil brillant dont cet insecte forme son cocon remonte, selon les historiens chinois, à 2,698 ans avant l'ère vulgaire ; mais pendant une longue suite de siècles cet art resta confiné en Asie ; ce ne fut que sous le règne de l'empereur Justinien, vers 550, que deux moines apportèrent les vers à soie à Constantinople, d'où ils se sont successivement et lentement répandus dans le midi de l'Europe. Effectivement, ce fut seulement sous Charles VIII, plus de 940 ans après leur introduction en Grèce, qu'on commença à cultiver le mûrier blanc et le ver à soie en France. L'arbre et l'insecte prospérèrent dans nos provinces méridionales, mais cette branche précieuse d'agri-

(2)

culture et d'industrie n'y reçut jamais tout le développement
dont elle était susceptible, puisque, même aujourd'hui, nos
récoltes de soie ne suffisent pas encore aux besoins de nos
manufactures, et que nos fabricans sont obligés de tirer
chaque année de la soie de l'étranger pour 36 à 40 millions.
Cependant la plupart de nos rois accordèrent des encou-
ragemens pour les plantations de mûrier : Henri IV fit même
faire des pépinières de cet arbre dans les Tuileries, et sous
Louis XIV et Louis XV, il en fut formé dans plusieurs provinces du centre. Malgré cela, la culture du mûrier et l'é-
ducation du ver à soie sont pour ainsi dire restées station-
naires jusqu'à ces derniers temps. Ce qui a retardé si long-
temps leurs progrès, c'est le préjugé presque généralement
répandu, même parmi les agronomes les plus distingués,
que le ver à soie ne pouvait réussir que dans le midi de la
France. En vain voyait-on, tous les ans, à Paris, des enfans
élever par amusement des vers à soie, et leur faire produire
des cocons plus ou moins parfaits, quoique les soins et la
nourriture donnés aux insectes fussent loin d'être suffisans ;
on persistait à croire qu'il était impossible d'y faire des éducations profitables, et on regardait comme des obstacles
insurmontables quelques difficultés qui peuvent exister pour
y élever les vers à soie en grand. Cependant, chose essentielle, ces difficultés ne regardent nullement l'insecte lui-
même, qui vit très bien dans notre climat, pourvu qu'il y
soit élevé à couvert, et qui n'y peut craindre, comme partout, que les extrêmes de la température, dont il est toujours facile de le préserver, comme il l'est de le tenir dans
des chambres suffisamment chauffées pour qu'il y éprouve
habituellement le degré de chaleur convenable et favorable
à sa santé. Les difficultés se réduisent donc à celles qui peuvent être causées par l'arbre qui nourrit le ver à soie : ainsi
le mûrier, dans le climat de Paris, est plus sujet à souffrir
pendant l'hiver que dans le midi ; au printemps, il peut
aussi être plus fréquemment atteint par les gelées tardives ;
enfin s'il survient des pluies continues pendant plusieurs

MURIERS

ET

VERS A SOIE,

LEUR CULTURE ET LEUR ÉDUCATION DANS LE CLIMAT DE PARIS, ET MOYEN D'OBTENIR, CHAQUE ANNÉE, PLUSIÉURS RÉCOLTES DE SOIE ;

avec des recherches

SUR LES CHENILLES DIFFÉRENTES DU VER A SOIE

QUI PRODUISENT UNE AUTRE MATIÈRE SOYEUSE.

PAR **M. LOISELEUR-DESLONGCHAMPS**,

Membre honoraire de l'Académie royale de médecine, membre du Conseil de la Société d'horticulture, de celle des progrès agricoles, etc.

PARIS,

MADAME HUZARD, IMPRIMEUR - LIBRAIRE,

RUE DE L'ÉPERON, N°. 7.

1832.

Extrait du *Cultivateur*, Journal des Progrès agricoles. On s'abonne à la Direction de ce Journal, rue Taranne, n°. 10, à Paris. Prix de l'Abonnement annuel (Janvier à Décembre), 12 fr. pour la France, et 15 fr. 60 c. pour l'Étranger.

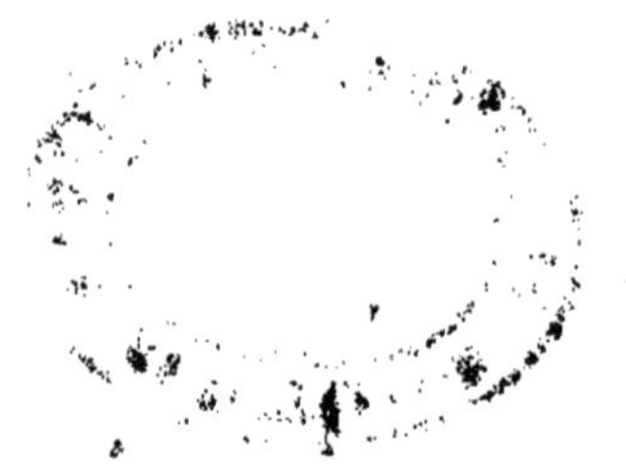

Imprimerie de Madame Huzard (née Vallat la Chapelle), rue de l'Éperon, n°. 7.

jours de suite, dans le temps de l'éducation, il devient diffi-cile de se procurer des feuilles pour la nourriture des vers.

Aucune de ces difficultés n'est assez considérable pour devenir un obstacle à l'éducation des vers à soie dans le climat de Paris et du nord de la France. D'abord, les plus fortes gelées pendant l'hiver n'attaquent jamais que les sommités des jeunes rameaux et ne nuisent que fort peu au développement des feuilles. Les gelées tardives peuvent causer plus de dommage aux mûriers ; mais c'est une chose assez rare, je ne l'ai vue arriver qu'une fois en dix ans : ordinairement cela n'est pas général, et comme je le dirai plus bas, vingt à vingt-cinq jours plus tard, les arbres ont poussé de nouveaux bourgeons, qui permettent de commencer une nouvelle éducation, si on a eu la précaution de conserver de la graine à faire éclore. Quant aux pluies, qui, lorsqu'elles sont très fréquentes, peuvent tenir les feuilles mouillées et les rendre impropres à être données aux vers, il est extraordinairement rare que ces pluies ne soient pas interrompues par quelques intervalles de beau temps, pendant lesquels on fait cueillir une plus ou moins forte provision de feuilles qui, au frais dans un cellier, se conserve bien pendant deux à trois jours. On empêche cette feuille de s'échauffer et de se gâter, en remuant, cinq à six heures après qu'ils sont faits, les tas qu'on a formés, et en rame-nant à la surface les feuilles du centre, où la chaleur s'était développée : ordinairement, ce premier temps passé, les feuilles ne sont plus sujettes à s'échauffer.

J'avais commencé en 1822 à faire des expériences sur l'é-ducation des vers à soie dans le climat de Paris ; je leur don-nai tout le soin possible, afin de pouvoir compter sur les résultats, et quoique ces expériences eussent été heureuses, je craignis de les publier trop promptement : ce ne fut qu'en 1824, après les avoir vérifiées deux fois, que je me décidai à les rendre publiques. Elles furent accueillies très froide-ment, je dirai même que je trouvai une opposition assez forte de la part des personnes auxquelles j'en fis la première com-

I.

munication. Dès lors, cependant, je prouvais non seulement qu'on pouvait faire de bonnes et profitables éducations de vers à soie dans le climat de Paris, mais encore je faisais connaître en même temps un nouveau procédé pour avoir, chaque année, plusieurs récoltes de cocons.

Malgré le froid accueil fait à mes observations sur ce sujet intéressant par les savans auxquels je les avais communiquées (1), je ne me rebutai pas ; au contraire, mes expériences étaient si positives, que dès lors je me décidai à faire des plantations de mûriers, afin de pouvoir plus tard en tirer parti pour l'éducation des vers à soie, et depuis 1824 jusqu'à présent j'ai planté au moins quinze mille mûriers.

Aujourd'hui je me propose, dans ce mémoire, de donner un résumé des principaux faits résultant de mes expériences et de mes observations, depuis dix ans, sur différentes espèces de mûriers et sur les éducations simples ou multiples de vers à soie dans le climat de Paris.

J'ai soumis à des expériences comparatives les feuilles de six espèces de mûriers, qui sont : 1°. le mûrier à papier ; 2°. le mûrier rouge ; 3°. le mûrier noir ; 4°. le mûrier de Constantinople ; 5°. le mûrier blanc, et 6°. le mûrier multicaule ou des Philippines.

1°. Le mûrier à papier, ou *broussonetia papyrifera*, est tout à fait impropre à la nourriture des vers à soie, quoique quelques auteurs n'aient pas craint d'avancer, d'après une fausse théorie, que sa feuille faisait produire à ces insectes une soie plus forte et plus nerveuse. Cent vers ayant été mis sur les feuilles de cet arbre, au commencement du second âge, sont tous morts plus tôt ou plus tard dans l'espace de vingt jours. J'ai fait cette expérience en 1822 et je l'ai répétée en 1824 avec les mêmes résultats. M. Bonafous est parvenu à nourrir un certain nombre de vers avec des feuilles de *broussonetia*, mais à dater seulement de leur

---

(1) J'avais lu un Mémoire sur ce sujet à l'Académie des sciences de l'Institut, vers la fin de 1824.

cinquième âge , et sur deux cents vers qu'il mit à cette espèce d'aliment , cinquante seulement produisirent des cocons, et encore ceux-ci étaient des deux tiers plus légers que ceux des vers qui avaient continué à être nourris de mûrier blanc.

2°. Le mûrier rouge est une mauvaise nourriture , qui ne fait pas profiter les vers et avec laquelle ils ne peuvent produire qu'une très petite quantité de soie et de mauvaise qualité, quand ils n'ont pas succombé dans le courant de l'éducation, quoique d'ailleurs les insectes mangent la feuille de ce mûrier sans aucune répugnance et presqu'avec autant d'avidité que celle du mûrier blanc. En 1824 , deux cents vers ayant été mis à l'usage des feuilles de mûrier rouge à l'instant de leur naissance , soixante-quatre seulement sont arrivés à l'âge de maturité ; tous les autres sont morts plus tôt ou plus tard , et de ces soixante-quatre vers il n'y en a eu que trente-quatre qui aient filé des cocons parfaits, mais qui étaient si légers, que tous ensemble ne pesaient que 5 gros, ce qui porte le cent de pareils cocons à environ une once 7 gros , et ce qui fait plus de deux tiers de moins que ne doivent produire ceux des bonnes éducations. J'ai répété cette expérience en 1825, en la variant , c'est à dire que j'ai mis les vers, sur les feuilles de mûrier rouge, au second , au troisième, au quatrième et au cinquième âge, et les résultats ont toujours été d'autant plus défavorables , que les vers ont mangé du mûrier rouge pendant plus long-temps. Les meilleurs cocons ont été ceux dont les chenilles n'avaient mangé de mûrier rouge que pendant le dernier âge, et encore les plus beaux parmi ceux-ci ont toujours été de moitié plus légers que ceux des vers nourris constamment de mûrier blanc pendant toute l'éducation.

3°. Les vers à soie que j'ai élevés en 1823 et 1824, en ne les nourrissant qu'avec des feuilles de mûrier noir, m'ont donné des cocons d'un dixième plus légers que ceux des vers qui avaient mangé du mûrier blanc, et comme il n'est pas rationnel de croire que des cocons plus faibles puissent donner de la soie plus forte , je suis fondé à considérer la soie fournie par le premier de ces arbres comme inférieure en qualité à celle qui provient du second.

4°. Le mûrier de Constantinople fournit une très bonne nourriture aux vers à soie : ces insectes mangent ses feuilles avec avidité et ils profitent beaucoup par ce moyen. Le cent de cocons provenant de vers qui, en 1822 et 1824, avaient uniquement vécu, depuis leur naissance, de feuilles de cette espèce, pesait 1 et 2 gros de plus que ceux des vers nourris avec le mûrier ordinaire. Malheureusement, le mûrier de Constantinople est bien moins vigoureux ; ses rameaux, beaucoup plus courts, fournissent moins de feuilles, et encore celles-ci, à cause de la forme plus noueuse des branches, ne peuvent pas être cueillies avec facilité.

5°. C'est avec diverses variétés de mûrier blanc que j'ai fait, de 1822 à 1826, mes premiers essais pour l'éducation des vers à soie à Paris; mais depuis cinq ans, c'est à dire en 1827, 1828, 1829, 1830 et 1831, je n'ai presque plus employé que du mûrier sauvageon, et les cocons que j'ai obtenus ont été constamment aussi beaux que ceux qu'on obtient dans le midi de la France. Cependant je dirai plus bas que, sous le rapport de l'économie dans les éducations, il est bien plus avantageux de se servir du mûrier greffé.

6°. J'ai pu seulement, dans l'été de 1829, faire un petit essai avec les feuilles d'un sixième mûrier, celui que M. Perrottet, botaniste voyageur, a rapporté des Philippines, il y a dix ans, et qu'il nomme mûrier multicaule [*morus multi-caulis* (1)]. Cet essai a été fort heureux ; car les cocons des vers qui avaient reçu pour nourriture les feuilles de cette dernière espèce ont été aussi beaux, et même ils ont offert quelque chose de plus en poids que d'autres cocons produits par le mûrier ordinaire; ce qui confirme ce que dit M. Perrottet, que, dans le nombre des mûriers cultivés aujourd'hui par les Chinois pour l'éducation des vers à soie, le *morus*

---

(1) *Annales de l'Institut horticole de Fromont*, janvier 1830, page 36, pl. 3.

multicaulis (1) paraît être celui qu'ils estiment le plus. La preuve étant acquise que les feuilles de cette dernière espèce sont aussi bonnes pour la nourriture de la chenille de la soie que celles du mûrier blanc, on trouvera, je crois, un grand avantage à employer celles du mûrier multicaule, qui, lorsqu'elles ont acquis leur parfait développement, ont souvent 6 à 7 pouces de largeur sur 9 à 10 de longueur, et pèsent un gros à un gros et demi; les plus grandes ont jusqu'à 8 et 9 pouces de largeur sur 1 pied de longueur, et sont du poids de 2 gros à 2 gros et demi; ce qui est deux à trois fois la grandeur et le poids des feuilles des plus belles variétés du mûrier blanc. A cause de leur grandeur, les feuilles du mûrier multicaule ne peuvent être données entières aux vers à soie; il faut, même dans le dernier âge, avoir le soin de les leur couper par morceaux.

Outre les différens mûriers dont il vient d'être question, il en existe encore trois ou quatre autres nouvellement introduits dans les jardins, mais qui jusqu'à présent ne sont pas assez multipliés pour qu'il ait été possible de faire des expériences sur l'emploi de leurs feuilles pour la nourriture des vers à soie. Tout ce que je puis dire, c'est que la plupart de ces nouvelles espèces ou variétés poussent avec beaucoup de vigueur, qu'elles supportent le froid de nos hivers en pleine terre comme les anciennes espèces, et que, par la beauté de leur feuillage, elles ont plus de rapport avec le mûrier multicaule qu'avec l'espèce ordinaire.

Animées du désir de voir l'éducation des vers à soie s'étendre de plus en plus, quelques personnes ont cherché à remplacer les feuilles de mûrier par celles d'autres végétaux; des sociétés savantes ont même proposé des prix à ce sujet; mais quelque louables qu'aient été leurs intentions, je crois que c'est tenter une chose tout à fait impossible que

---

(1) Cet arbre est encore connu des pépiniéristes sous les noms de *Mûrier des Philippines*, de *Mûrier de la Chine*, et aussi de *Mûrier du capitaine Philibert*.

de s'occuper de cette recherche. On n'a pas assez considéré que, pour trouver une plante véritablement succédanée du mûrier, il fallait découvrir un végétal dont le ver à soie pût non seulement se nourrir pour vivre, mais encore qu'il était nécessaire que ce nouvel aliment lui fît aussi produire la plus grande quantité et la meilleure qualité possibles de soie. Ne sait-on pas que la nature paraît avoir attaché la plupart des insectes, et surtout des chenilles, à certaines espèces de plantes pour en vivre exclusivement? Or la chenille du ver à soie a été destinée à se nourrir de feuilles de mûrier, dans lesquelles elle trouve non seulement son aliment, mais encore la matière qui doit lui fournir à la fabrication de son cocon. Prétendrions-nous pouvoir changer les lois immuables de la nature et faire mieux qu'elle? Comment a-t-on pu croire qu'on retrouverait d'autres plantes ayant toutes les propriétés des mûriers, dont la sève est, pour ainsi dire, une soie coulante, qui n'a besoin que d'être élaborée par les organes digestifs de l'insecte pour former le fil le plus brillant qu'on connaisse? En effet, cette sève est dans des conditions si favorables pour former de la soie, que la nature seule et sans l'insecte la transforme, dans le liber des mûriers, en filamens soyeux propres à faire des tissus, filamens dont jusqu'à présent notre industrie n'a encore tiré que peu ou point de parti, quoiqu'il y ait plus de deux siècles qu'Olivier de Serres ait découvert, dans l'écorce de ces arbres, une filasse très analogue à celle du chanvre et du lin.

Toutes les plantes qu'on a proposées jusqu'à présent comme succédanées du mûrier blanc sont plus ou moins contraires aux vers à soie, quelques unes même ne peuvent en aucune manière leur servir d'aliment, ces insectes refusent absolument d'en manger et meurent dessus sans les entamer. Telles sont, d'après mes expériences, les feuilles de ronce, de maïs, et celles d'érable de Tartarie, quoiqu'on n'ait pas craint d'avancer que les vers préféraient les dernières à celles du mûrier blanc. J'ai fait manger des feuilles d'abricotier à des vers à soie qui venaient de naître, mais tous, au nombre d'environ deux cents, sont morts avant d'avoir fait leur première mue.

Si les feuilles d'une espèce de scorsonère (*scorsonera hispanica,* L.) peuvent, comme il paraît prouvé par plusieurs expériences faites depuis quatre à cinq ans , servir d'aliment aux vers à soie , et si avec cette nourriture ces insectes produisent réellement des cocons, on pouvait douter que cette succédanée fût aussi salubre pour les vers que le mûrier , et leur fît produire des cocons d'une qualité égale à ceux que donne la feuille du mûrier. Effectivement ayant pu, l'année dernière, me procurer quelques cocons dont les vers avaient été nourris avec les feuilles de la scorsonère d'Espagne , j'ai pu me convaincre que ces cocons étaient moitié moins pesans que ceux faits par des vers nourris de mûrier blanc ; car trois de ces cocons de scorsonère ne pesaient , après la sortie des papillons, que 7 grains 3 quarts , tandis que trois autres cocons pris au hasard dans une éducation faite avec le mûrier blanc étaient du poids de 16 grains. Non seulement les cocons de scorsonère sont beaucoup plus faibles en poids et en volume , mais il me paraît évident que la soie qu'on en retirera ne pourra être que d'une qualité fort inférieure. Nourrir des vers à soie avec des feuilles de scorsonère , plante si éloignée de la famille des mûriers , n'est donc , selon moi , qu'un fait extraordinaire et très curieux , mais dont on ne peut tirer rien d'utile et d'avantageux.

Ayant donné la preuve de l'insuffisance de la feuille de scorsonère pour la bonne éducation des vers à soie , il serait peut-être inutile de réfuter les prétendus avantages qu'elle présente par la facilité de sa culture et l'abondance de ses produits ; mais je crois devoir dire encore que, quand bien même cette plante aurait effectivement l'avantage de fournir aux vers à soie une alimentation aussi bonne et donnant les mêmes résultats en produits de soie que les feuilles du mûrier, il ne me paraîtrait pas douteux que la même superficie de terrain, plantée en arbres qui poussent avec autant de vigueur que le mûrier , donnerait une bien plus grande abondance de feuilles que si elle était ensemencée avec une plante basse comme la scorsonère d'Espagne, qui ne produit que des feuilles étroites, et dont trois récoltes ne pourraient jamais égaler une seule cueillette de feuilles de mûrier. Une dernière et très importante considération enfin contre la scorsonère, c'est que, lorsque plusieurs jours pluvieux auraient eu lieu presque sans interruption, comme cela est arrivé en mai et juin 1830, il deviendrait impossible, à cause de leur situation en prairie et par conséquent très rapprochée du sol, de se procurer des feuilles sèches de cette plante pour fournir à la nourriture des vers : celles de mûrier, au contraire, toujours plus ou moins élevées au dessus de la terre et bien plus exposées à l'air, se sèchent en peu de temps, pour peu qu'il fasse de vent ou de soleil.

M. Bonafous, qui s'est beaucoup occupé de vers à soie et qui a publié sur ce sujet des observations très intéressantes, pense qu'on pourrait trouver des succédanées du mûrier dans les plantes qui présenteraient les mêmes principes que l'analyse lui a fait découvrir dans les feuilles de cet arbre, qui, selon lui, sont composées d'une matière grasse, d'une substance résineuse, de gomme et d'un peu de sucre. Je ne puis me ranger à cette opinion, et je crois, au contraire, que l'expérience la démentira.

Il me paraît donc inutile de chercher des succédanées au mûrier blanc : cet arbre est parfaitement acclimaté en France depuis plus de trois siècles ; il supporte même, dans le nord de l'Europe, jusqu'à 20 degrés de froid sans en être affecté de manière à ce que cela nuise beaucoup à ses produits. Aussi, depuis quelques années, les Anglais, les Belges, les Prussiens, les Suédois, les Russes le cultivent–ils à l'envi les uns des autres ; et nous sommes peut-être à la veille de voir tous ces peuples naturaliser chez eux le commerce des soieries qui faisait une riche branche de notre industrie.

Le mûrier est facile à multiplier par les semis, les marcottes et même par les boutures : par les semis surtout, on peut en produire chaque année des millions de pieds. Pour—

quoi donc lui chercher des succédanées, surtout dans des plantes herbacées qui produiraient bien moins de feuilles que cet arbre ? Et quand bien même on parviendrait à trouver un autre arbre dont les feuilles pussent remplacer celles du mûrier, ce que je ne crois pas possible pour les raisons dites plus haut, on serait probablement plus embarrassé qu'avec la feuille du mûrier même ; car avant de pouvoir employer cet autre arbre à la nourriture des vers à soie, il faudrait le multiplier, parce qu'on n'en aurait pas d'abord autant qu'on a de mûriers maintenant. Bien peu d'arbres d'ailleurs poussent avec plus de vigueur que le mûrier, et sont susceptibles de donner une plus grande quantité de feuilles. Il a l'avantage de pouvoir être dépouillé en entier de son feuillage sans en souffrir d'une manière notable ; aucun autre insecte que je sache, si ce n'est la chenille du ver à soie, n'attaque et ne mange ses feuilles, tandis que le feuillage de presque tous nos arbres indigènes est souvent dévoré en entier par plusieurs autres espèces de chenilles ou d'insectes.

Pour faire des éducations de vers à soie dans le nord de la France, où le mûrier est encore rare, les semis sont le meilleur moyen de se procurer promptement le nombre d'arbres nécessaire pour avoir d'abondantes récoltes de soie.

On a proposé de faire des semis de mûriers en plain champ et de les faucher une ou deux fois par an. Je ne crois pas ce moyen praticable, parce que les semis de mûriers exigent beaucoup de soin pendant les deux premières années. Mais en supposant qu'on pût faire des prairies de mûriers en repiquant de jeunes pourrettes à 3 ou 4 pouces les unes des autres, ces prairies seraient dispendieuses à établir, et elles ne donneraient cependant qu'un mince produit, parce que leurs petites tiges, toujours rabougries, ne pourraient pousser que de faibles rameaux, et que les mauvaises herbes les auraient bientôt détruites, à moins de soins réitérés et coûteux de sarclage. J'ajouterai que, d'après les essais que j'ai faits en ce genre, ces espèces de prairies ne pourraient jamais donner qu'une seule coupe par an , et non deux à trois, comme on l'a avancé.

Des haies de 6 pieds de hauteur, plantées à la même distance les unes des autres et taillées à la manière des charmilles , seraient beaucoup plus faciles à cultiver : elles seraient d'un entretien beaucoup moins dispendieux et elles fourniraient deux à trois fois plus de feuilles que les semis à faucher. Un arpent de terre, planté en de semblables haies de mûrier bien entretenues, en contiendrait 12 à 1,300 toises , offrant deux faces à la tonte , chacune desquelles donnerait de 4 à 5,000 livres de feuilles ; ce qui ferait 8 à 10,000 livres pour l'arpent entier. La cueillette des feuilles sur les haies de mûrier est facile et économique ; elle peut se faire aux ciseaux ou au croissant. J'ai déjà depuis quatre ans fait planter plus de 300 toises de ces haies , et j'ai l'intention d'en établir une plus grande quantité.

On plante le mûrier de plusieurs autres manières , comme en avenues , en bordures , en quinconces , et ces arbres à haute tige sont d'un grand produit ; mais il faut en attendre la jouissance pendant quinze à vingt ans ; car, avant ce temps, les mûriers en plein vent ne donnent que peu de chose.

C'est en taillis que je crois qu'il est plus avantageux de planter le mûrier pour lui faire rapporter promptement beaucoup de feuilles ; aussi est-ce de cette manière que j'ai planté la plus grande partie de mes mûriers , et voici comme je les traite : au lieu de faire la cueillette des feuilles sur les branches tenant aux arbres, selon la pratique ordinaire, je fais couper ces dernières sur place , de manière à ce que l'arbre soit recepé à un pied et demi ou 2 pieds du sol , à peu près comme on fait des osiers , et forme par conséquent une sorte de têtard. Les rameaux coupés et chargés de leurs feuilles sont emportés à la maison , enveloppés dans des toiles grossières , afin de les préserver du hâle , et c'est là seulement, dans un cellier ou au moins dans un lieu frais, que je les fais dépouiller. Par ce moyen, j'ai l'avantage d'avoir toujours de la feuille très fraîche , que les vers mangent en entier sans en rien perdre; tandis que dans celle qui a été cueillie à la manière ordinaire et foulée dans des sacs, où elle s'échauffe souvent, ils laissent, sans y toucher, une grande partie de ce qui a été trop froissé, et il s'en trouve toujours une certaine quantité.

Quant aux arbres, alors plus ou moins complétement dépouillés de leurs rameaux, ils ne tardent pas à développer de nouveaux bourgeons, qui deviennent d'autant plus nombreux et plus beaux, que le tronc lui-même a plus de force et de grosseur, et à la fin de la saison les jeunes rameaux, longs en général de 3 à 4 pieds, forment une nouvelle tête, qui pourra également être coupée en entier le printemps suivant, et d'année en année le tronc devenant plus gros produira aussi un plus grand nombre de rameaux.

J'estime qu'un arpent de 100 perches, à 22 pieds la perche (environ un demi-hectare), planté ainsi en mûriers nains placés à 4 pieds les uns des autres en tout sens, et contenant environ deux mille sept cents arbres, pourra donner 50 à 60 quintaux de feuilles dès la quatrième et la cinquième année de la plantation. Ce rapport devra au moins doubler les années suivantes, c'est à dire qu'un arpent de mûriers en taillis pourra nourrir 5 à 6 onces de graine de ver à soie, et par conséquent produire 5 à 600 livres de cocons.

Il n'y a donc pas d'autre moyen pour arriver à produire promptement beaucoup de soie que de planter de nombreux mûriers en haie et en taillis. Quant aux meilleures espèces à disposer de cette manière, ce sont incontestablement le mûrier blanc ordinaire, avec ses variétés, et le mûrier multicaule.

Il est essentiel de distinguer dans le mûrier blanc ordinaire le sauvageon et les variétés greffées. Le sauvageon, qui est l'arbre venu de graine, produit en général une feuille plus petite, moins épaisse et d'une consistance plus sèche; il m'a paru n'être pas moins propre que les variétés greffées à fournir une bonne nourriture aux vers à soie; mais les dernières offrent l'avantage de donner une feuille plus large, plus épaisse, dont il faut par conséquent une moins grande quantité pour l'alimentation des insectes. Le mûrier multi-caule, sous le dernier rapport, présente encore des résultats plus avantageux. Voici, d'après les dernières observations que j'ai faites à ce sujet, les différences qui existent dans le poids des feuilles du sauvageon, du mûrier greffé et du mûrier multicaule.

Le même nombre de feuilles, pris sur des rameaux de même force et de même âge, pesait, provenant

1. d'un sauvageon à feuilles très petites et très découpées. 16

2. — d'un autre sauvageon à feuilles petites, mais non découpées. 22

3. — d'un troisième sauvageon à feuilles moyennes. 34

4. — d'un quatrième sauvageon à feuilles plus grandes et peu découpées. 49

5. — d'un cinquième sauvageon à feuilles larges et entières. 62

6. — d'un mûrier greffé (*morus ovalifolia*, Audibert). 80

7. — d'une autre variété de mûrier greffé, dit *feuille rose*. 89

8. — d'une troisième variété de mûrier greffé (*morus macrophylla*, Audibert). 105

9. — d'un mûrier multicaule. 180

10. — D'un second mûrier multicaule plus vigoureux. 206

On comprendra facilement, en comparant le poids proportionnel de feuilles fourni par chacun de ces dix arbres, qu'il y aurait un grand désavantage à se servir de celles des premiers, puisqu'elles exigeraient autant de temps pour être cueillies (et la cueillette des feuilles fait une grande partie de la dépense dans les éducations de vers à soie) que celles des derniers, qui fourniraient aux vers cinq fois et jusqu'à dix fois plus de nourriture. Dans une plantation de mûriers sauvageons, il ne faudra donc conserver sans les greffer que les individus qui offriront les feuilles les plus larges et les plus étoffées : tous les autres devront être modifiés par la greffe. Si l'on conserve quelques sauvageons à feuilles petites et découpées, qu'ils soient plantés à part pour être employés dans le premier et le second âge des vers, temps pendant lequel il faut nécessairement leur donner de petites feuilles.

Autant le mûrier greffé l'emporte sur le sauvageon, autant le mûrier multicaule est au dessus de toutes les autres espèces et variétés du même genre connues jusqu'à présent : en effet, le dernier a sur tous les autres mûriers l'avantage de croître beaucoup plus rapidement, de donner des feuilles bien plus amples, et enfin de reprendre de bouture avec la plus grande facilité ; car non seulement les boutures de cette espèce, faites à la manière ordinaire, réussissent toujours, mais encore on peut en faire à un seul œil, ainsi que je l'ai indiqué (*Annales de la Société d'horticulture,* juillet 1829, page 33), de sorte qu'il est extraordinairement facile, par ce moyen, de multiplier cet arbre, et qu'avec un petit nombre de pieds on pourra très facilement en faire, en quelques années, des centaines de mille et même des millions de plants. Ces boutures à un seul œil, faites au commencement du printemps, ont dès l'automne suivant des tiges plus hautes que les semis de mûriers blancs au bout de deux ans : ainsi celles que j'ai faites à la fin de mars 1830 avaient presque toutes, à l'automne, 4 à 5 pieds de hauteur. Depuis dix ans que le mûrier multicaule est cultivé en France, il n'a pas beaucoup plus souffert (1) du froid de nos hivers que le

---

(1) M. Audibert, propriétaire et pépiniériste à Tonelle, département des Bouches-du-Rhône, m'écrivait, le 15 août 1830, au sujet de cet arbre : « Le mûrier des Philippines, ou multicaule, étant d'une végétation active et très prolongée, a un peu plus souffert de la gelée de notre dernier hiver que les autres variétés de mûriers ; cependant nous avons des plants de 15 pieds de haut, en lieu sec, dont la sève était suffisamment arrêtée à l'arrivée du froid, qui n'ont pas du tout souffert. A propos de ceux-ci, je vous dirai qu'ils ont produit cette année une très grande abondance de mûres noires, allongées et assez belles, qui sont très bonnes à manger, et

mûrier blanc. Pendant ceux de 1829 et 1830, qui ont été longs et rigoureux, il n'a eu, par un froid de 13 à 15 degrés, qu'un pied ou environ de ses sommités qui ait été gelé ; le reste des rameaux a repoussé au printemps avec vigueur.

Les plantations de mûrier, telles que je viens d'en parler succinctement, peuvent se faire en grand ; mais on peut aussi les réduire à de plus petites proportions, en se bornant à les faire dans quelques parties des parcs et même des jardins. En effet, un propriétaire peut facilement, pour peu que son parc ait d'étendue, y planter un ou 2 arpens en bosquets de mûriers : dans un simple jardin, il ne plantera que quelques perches, qui suffiront à sa femme et à ses filles pour s'amuser à faire de petites éducations de vers à soie. Ne pourrait—on pas d'ailleurs, dans les parcs et jardins d'agrément, diminuer la quantité de tilleuls et de charmilles, dont les feuilles ne sont susceptibles de donner aucun produit, pour les remplacer par le mûrier ? Ce dernier arbre se couvre d'un feuillage aussi agréable que celui des deux autres ; il est robuste, peut vivre deux à trois siècles, et acquérir avec l'âge depuis 10 jusqu'à 15 pieds de circonférence.

On trouve, dans des ouvrages d'ailleurs très estimables sur la culture du mûrier, que cet arbre s'accommode de toutes sortes de terrains et qu'il réussit également bien dans quelqu'exposition que ce soit. Si cela est vrai, ce n'est sans doute qu'en Italie et dans le midi de la France ; mais dans le nord

---

qui ne sont point fades et douceâtres comme celles produites par le mûrier blanc ; elles ont un goût intermédiaire entre celles du *morus rubra* et celles du *morus nigra*. Le mûrier des Philippines présentera donc un double avantage, puisqu'il pourra être cultivé comme arbre fruitier et aussi comme fort utile à la nourriture des vers à soie ; cependant on ne pourra, pour ce dernier usage, l'élever dans nos pays en arbre à haute tige, parce que ses feuilles, larges, bullées et assez tendres, présentent trop de prise au vent, qui les lacère et les flétrit de telle sorte que nous pensons qu'il ne convient, pour l'usage des vers, d'élever le *morus multicaulis* qu'en plants à basse tige et en haie. »

ce n'est pas la même chose, et j'ai été bien trompé pour avoir cru trop facilement que je pouvais planter des mûriers à toute exposition et dans toutes sortes de terrains : j'ai perdu une assez grande quantité de ces arbres pour les avoir mis dans un sol trop médiocre et exposé au couchant ou au nord, et que j'espérais rendre plus productif par ma nouvelle plantation. Je dois désormais laisser ce terrain au noyer, au merisier, à l'érable et à plusieurs espèces de pins et de sapins, qui y viennent bien. Il m'a paru d'ailleurs que dans notre climat septentrional le mûrier ne pouvait réussir que dans un terrain fertile, ayant du fond, et surtout à une exposition chaude, principalement à celle du midi. Le nord et le couchant ne lui conviennent pas chez nous, parce qu'ils sont trop froids, et le levant est à craindre pour cet arbre, parce qu'il y est trop exposé aux gelées tardives auxquelles notre climat est trop sujet à la fin d'avril et au commencement de mai.

DEUXIÈME PARTIE.

DES VERS A SOIE.

Les vers à soie nourris dans le climat de Paris donnent d'aussi beaux cocons que les vers élevés dans le midi de la France et en Italie. Le cent de cocons des éducations que j'ai faites depuis 1822 jusqu'à présent a presque toujours pesé 6 onces, ce qui est le même poids qu'on obtient dans celles qu'on regarde comme les meilleures de ces contrées. J'ai même eu quelques petites éducations dont le cent de cocons a pesé 7 onces et jusqu'à 7 onces et demie. Il ne m'est arrivé que deux à trois fois d'avoir des cocons dont le cent ne pesait que 5 onces à 5 onces et demie.

On peut faire, chaque année, plusieurs récoltes de soie, en retardant l'éclosion des œufs qu'on destinera aux éducations autres que celle qui se fait ordinairement. A cet effet , on place dans une cave , vers la fin de février ou le commencement de mars , la graine pour la seconde éducation , et dans une glacière celle pour la troisième et les suivantes. La graine , avant d'être ainsi placée , doit être renfermée dans des bocaux bien bouchés , et même lutés avec soin , afin d'être à l'abri de l'humidité , qui lui serait très nuisible et pourrait même l'empêcher tout à fait d'éclore.

La première éducation se commence, comme à l'ordinaire , lorsqu'on reconnaît que les bourgeons du mûrier sont suffisamment développés. Pour faire la seconde, ou retire les œufs de la cave dix à douze jours après que les vers de la première éducation sont éclos, et de manière à ménager l'éclosion de ces œufs retardés pour qu'elle ait lieu lorsque les premiers nés seront à la quatrième mue. Outre cela , on doit faire en sorte, après avoir sorti la graine de la cave, de ne la pas exposer brusquement à une trop forte chaleur, mais de la faire passer peu à peu par des degrés intermédiaires entre la température de la cave et celle à laquelle se trouve l'air ambiant ; ce qui peut se faire facilement en la transportant graduellement des lieux les plus froids de la maison dans ceux qui sont les plus chauds. Lorsqu'elle a été ainsi préparée pendant trois à quatre jours, on peut l'exposer à toute la chaleur qui doit favoriser son éclosion , et employer les moyens qui sont en usage pour la déterminer d'une manière aussi simultanée que possible.

Pour faire une troisième éducation , on retire de la glacière la graine qui y a été mise dans le temps convenable , lorsque les vers de la seconde éducation entrent dans le troisième âge , et on la ménage de façon qu'on puisse la faire éclore dans le temps où les vers de cette deuxième éducation seront à leur quatrième mue. Les précautions, en retirant la graine de la glacière , doivent être encore plus grandes que pour celle qui ne sort que de la cave, parce qu'à l'époque où l'on doit alors se trouver, la mi-juin ou à peu près, la température atmosphérique est ordinairement encore plus

élevée, et que d'ailleurs la différence de chaleur est toujours
beaucoup plus forte entre l'air ambiant et la glacière, qu'entre celui-ci et l'air des caves. C'est donc le matin, de très
bonne heure, qu'il faut retirer la graine de la glacière ; puis
on doit, le plus tôt possible, la transporter dans une cave,
d'où on la sortira au bout de vingt-quatre à trente-six heures,
pour la faire ensuite passer successivement et aussi insensi-
blement qu'il se pourra à la chaleur qui est celle de l'époque
où l'on se trouve, et enfin à celle convenable pour déterminer l'éclosion.

C'est ainsi que j'ai fait successivement cinq de ces éducations en 1824, depuis le commencement de mai jusqu'à la
fin de septembre. Les trois premières m'ont donné des
produits avantageux et tels que je l'ai déjà énoncé ; mais
les cocons des deux dernières ayant été plus faibles, je crois
qu'il vaudrait mieux se borner à trois éducations, qui peuvent en général se faire facilement en trois mois (depuis le
premier de mai jusqu'à la fin de juillet), que de vouloir en
entreprendre un plus grand nombre. Un des motifs qui doit
faire adopter ce parti, c'est que les feuilles de mûrier, en
août et septembre, deviennent très dures, souvent tachées
de rouille, ce qui les rend malsaines pour les vers à soie, ou
il faut ne leur donner que celles des sommités des rameaux,
ce qui occasione beaucoup de perte. Dans tous les cas d'ailleurs, cela devient très nuisible pour les mûriers, qui n'ont
plus le temps de réparer leurs pertes, et ne peuvent rien
produire l'année suivante.

En 1825, 1826 et 1827, j'ai fait ainsi trois éducations,
toujours avec beaucoup de succès, et leurs produits en cocons n'ont jamais été au dessous de la proportion que j'ai
indiquée plus haut. En 1827, j'ai commencé ma première
éducation le 18 avril, et je l'ai terminée le 16 juin. La seconde, commencée le 8 mai, était finie le 30 juin ; et la
troisième, entreprise le 1er. juin, était entièrement achevée
le 15 juillet.

Le procédé dont je viens de parler pour faire chaque année

plusieurs récoltes de cocons, et que j'ai publié dès l'année
1824, m'appartient en entier ; je n'ai jamais trouvé rien de
semblable dans les ouvrages sur les vers à soie qui sont venus
à ma connaissance, et ce n'est même que depuis que les premiers essais du procédé que j'avais imaginé, eurent été cou-
ronnés de succès, que j'ai appris ce que M. Bertezen avait
fait en ce genre, et ce qu'il avait mis en pratique dès 1791.
Celui-ci, pour parvenir à avoir plusieurs récoltes de cocons
chaque année, faisait éclore les œufs de ses vers aussitôt
après qu'ils avaient été pondus (1). C'était aussi à quoi j'a-
vais pensé avant de savoir que ce moyen eût été essayé.
Mais je ne pus réussir à faire éclore mes œufs, quoique je
les eusse exposés, pendant dix jours de suite, à une chaleur
de 28 degrés, en les portant sur moi et sous mes vêtemens.

Non seulement le procédé de M. Bertezen diffère totale-
ment de celui que j'ai imaginé, mais encore il présente
dans son exécution beaucoup de difficultés dont le mien est
exempt.

Premièrement, il ne paraît pas qu'avec les œufs pondus
par les papillons de la première éducation, on puisse faire
éclore à volonté autant de vers qu'il en faudrait pour avoir
une seconde récolte profitable, puisqu'à une éducation de
25,000 vers M. Bertezen n'a pu en faire succéder qu'une
autre de 6,000, et que la dernière n'a pu être que d'un très
petit nombre.

(1) M. Salvatore Bertezen a fait, à Paris, en 1791, sous les yeux
des commissaires de la Société d'agriculture, trois éducations successives de vers à soie. Dans la première, qui a été de 25,000 vers,
il a obtenu plus d'un quintal de cocons..... La seconde éducation a
été d'environ 6,000 vers, qui étaient les enfans de ceux de la première : elle a eu le même succès. Enfin les vers de la troisième éducation provenaient de la graine de ceux de la seconde : cette dernière éducation a été d'un très petit nombre de vers, quoiqu'il en
soit né une très grande quantité, à cause de la difficulté de se procurer des feuilles. (*Extrait du Compte rendu des travaux de la
Société d'agriculture, par J.-L. Lefebvre.* Page 82 à 85. Paris,
an VII = 1799.

Secondement, c'est un très grand inconvénient de laisser un intervalle d'environ un mois entre les éducations, et de ne commencer la seconde qu'au moment où se font les travaux les plus importans de la campagne, ceux de la moisson ; ce qui est un obstacle pour trouver des ouvriers.

Troisièmement, un inconvénient encore plus grave, parce qu'il est bien plus difficile d'y remédier qu'au manque d'ouvriers, qu'on pourrait encore surmonter en payant les journées plus cher, c'est qu'à la fin de juillet et en août, époque à laquelle tomberait cette seconde éducation, les feuilles de mûrier ont acquis trop de dureté pour convenir aux vers pendant leurs trois premiers âges, et même dans le quatrième et le cinquième, ces petits animaux ne pourraient encore en manger qu'une certaine partie, parce qu'à l'époque dont il est question le plus grand nombre des feuilles est taché de rouille ou diversement altéré ; de sorte qu'on ne pourrait guère se servir alors que des feuilles des sommités et de celles de la seconde pousse, ce qui occasionerait une grande perte, ainsi que je l'ai déjà dit plus haut. Enfin les mûriers qu'on dépouillerait de leur feuillage en juillet et en août n'auraient pas le temps de faire de nouvelles pousses pour réparer leurs pertes avant le printemps suivant, et il faudrait, pour ne pas risquer de les voir périr plus ou moins promptement, les laisser reposer pendant l'année qui suivrait.

J'ai cru devoir insister sur les difficultés presqu'insurmontables qu'il y aurait à faire une seconde éducation de vers à soie en juillet et août, parce qu'un savant recommandable, M. Moretti, professeur d'économie rurale à Pavie, a reproduit depuis peu des projets semblables, en présentant une race de vers qui, selon lui, donne naturellement deux à trois récoltes chaque année ; et c'est après avoir essayé, pendant l'été de 1829, l'éducation de ces vers, que je me suis convaincu de la difficulté et même de l'impossibilité de tirer un parti avantageux de ces vers de trois récoltes.

Aux obstacles qui naissent des difficultés qu'il y aurait à se procurer une suffisante quantité de feuilles pour faire en grand une seconde éducation de ces vers à plusieurs récoltes, il faut ajouter que l'éclosion des nouveaux œufs, qui a lieu douze à quinze jours après la ponte, ne paraît pouvoir se faire que naturellement, et que non seulement elle n'est pas simultanée, mais encore qu'elle est trop incomplète. D'après les expériences que j'ai faites en 1829, sur cette race de vers, il ne m'est éclos, dans les premiers jours d'août, qu'environ la trente-troisième partie de la graine qui avait été pondue par dix-huit papillons femelles sortis de leurs cocons les 15, 16 et 17 juillet, et qui avaient été fécondés tout de suite. Cependant M. le docteur Fontaneilles, qui a aussi élevé de ces vers de M. Moretti, en 1830, a été plus heureux que moi dans l'éclosion de sa graine pour la seconde récolte, car le tiers de ses œufs a produit de nouveaux vers ; mais il lui a fallu attendre douze jours pour avoir cette quantité, ce qui est encore un obstacle pour faire une éducation régulière. Je ne sais d'ailleurs si l'éclosion plus nombreuse arrivée à M. Fontaneilles ne pourrait pas être attribuée à ce que ses œufs ont presque toujours été exposés, dès le moment de la ponte, à 20 et jusqu'à 24 degrés de chaleur, tandis que les miens n'en ont eu que de 14 à 17. Cependant ce qui me paraîtrait prouver que la chaleur seule n'a pas déterminé l'éclosion d'un plus grand nombre de vers chez M. Fontaneilles, c'est que voyant que les miens étaient éclos en si petite quantité, j'ai placé les œufs qui me restaient sous mes vêtemens, à une chaleur constante de 28 degrés, et pendant dix jours qu'ils y sont restés, il n'en est sorti que deux vers. Au reste, ces mêmes œufs, qui n'ont pu éclore au mois d'août 1829, malgré la chaleur constante à laquelle ils avaient été exposés pendant dix jours, ont produit des vers à la fin du mois d'avril 1830, en même temps que ceux de la race ordinaire.

Pour ce qui est d'une troisième éducation provenant de la graine des vers de la seconde, M. Moretti a pu l'exécuter dans le climat de Pavie, plus chaud que celui de Paris ; mais s'il est très difficile de se procurer de bonnes feuilles pour

les jeunes vers en juillet et août, que sera-ce en septembre
et même en octobre ? Cette troisième éducation dans un pays
plus chaud que le nôtre, en supposant même l'éclosion convenable des œufs, que j'ai prouvé n'avoir jamais lieu dans
aucun cas, ne pourrait donc, à cause du manque de feuilles,
être faite qu'en très petit et seulement comme objet de curio-
sité. Mais à Paris, où les papillons de la seconde éducation
n'ont commencé à sortir de leurs cocons qu'à compter du 5 octobre 1829, et ont mis en tout dix-sept jours à venir à la lu-
mière, je n'ai pas vu, pendant les jours qui ont suivi la ponte,
un seul ver éclore dans toute la quantité de graine qui avait
été produite par cent femelles. J'ajouterai encore que la
moitié ou à peu près de cette graine était claire, et que la
portion qui était féconde n'a donné de vers qu'à la fin d'a-
vril 1830, ainsi que les œufs de tous les autres.

Je ne m'étendrai pas davantage sur ces vers à trois récoltes
dont je crois avoir prouvé l'insuffisance, et dont j'ai parlé
plus longuement ailleurs (*Annales de la Société d'horticulture*, tome 7, p. 165).

Quant aux trois éducations successives faites avec des
graines conservées et retardées par le moyen du froid, pour
ne les faire éclore qu'aux époques que j'ai déjà indiquées plus
haut, je crois que tout le monde reconnaîtra avec moi qu'elles
sont bien plus faciles à exécuter ; il ne faut pour cela que
multiplier les plantations de mûrier, de manière à avoir des
arbres différens pour chaque éducation de vers, afin que les
mûriers ne soient dépouillés de leurs feuilles qu'une fois par
an, ainsi que cela se pratique d'ordinaire. Je crois d'ailleurs
devoir, par avance, répondre ici à une objection qui m'a déjà
été faite de vive voix et qu'on pourrait me reproduire : mais
si vous avez assez multiplié vos plantations de mûrier pour
faire successivement deux ou trois éducations de vers, dou-
blez et triplez tout de suite, dans une seule, le nombre de vos
vers, cela sera plus simple. Cela serait vrai s'il n'y avait pas
la difficulté d'avoir à sa disposition un local pour les placer ;
mais il faut déjà un bâtiment assez grand pour qu'il soit facile

d'y loger 500,000 vers à soie au moment où ils vont filer : où trouver, sans faire de constructions dispendieuses, de quoi en placer 1,500,000, qui, dans ce cas, serait le total de trois éducations réunies en une seule ? Tous les éducateurs de vers à soie savent d'ailleurs que les grandes éducations sont toujours proportionnellement moins avantageuses que les petites.

Les feuilles de mûrier, lorsqu'elles ont acquis leur parfait développement, ne peuvent servir aux jeunes vers de la seconde et de la troisième éducation ; elles sont alors trop dures. Il faut, pendant les trois premiers âges, leur choisir des feuilles tendres et appropriées à la faiblesse de leurs organes. Cela est moins difficile qu'on ne pourrait le croire, parce que dans ces trois premiers âges les jeunes vers ne consomment que très peu de feuilles ; il ne leur en faut alors que la seizième partie de ce qui leur sera nécessaire dans leurs deux derniers âges. Ce seizième de nourriture, ou environ 100 livres de feuilles pour les vers d'une once de graine, se trouve facilement dans les sommités des bourgeons développés depuis la feuillaison des arbres, et il ne s'agit que de le faire choisir par des femmes ou des enfans, en leur faisant prendre seulement les deux dernières feuilles pour les vers du premier âge, ensuite les trois dernières pour ceux du second, et enfin les quatre dernières lorsque le troisième âge est arrivé. Parvenus au quatrième âge, les vers peuvent manger de toute espèce de feuilles : quant à ce qui reste sur les rameaux après qu'on en a retiré celles des sommités, ce reste, qui est toujours le plus considérable, sert à donner aux vers de la première éducation, qui sont alors dans le quatrième et le cinquième âge.

Outre ce moyen de nourrir les jeunes vers de la deuxième et de la troisième éducation avec le choix des feuilles les plus tendres, on peut encore se procurer des feuilles de nouvelles pousses, en disposant une certaine quantité de mûriers nains ou plantés en haies, de manière à les forcer à développer leurs yeux secondaires au moment où l'on commencera la seconde et la troisième éducation. On peut enfin profiter, pour la troisième éducation, du développement des bourgeons de la seconde pousse, qui a ordinairement lieu dans la première quinzaine de juillet.

Les grandes chaleurs passent pour être contraires aux vers à soie dans les pays méridionaux. Il est fort rare qu'à Paris la température s'élève, pendant le printemps, à un degré extraordinaire ; on a bien plutôt à craindre le contraire. Je dois dire d'ailleurs que les chaleurs de l'été de 1825, au lieu d'être nuisibles aux vers, m'ont plutôt paru favoriser et surtout hâter les éducations. Ainsi une petite éducation, commencée cette année-là le 9 juillet, n'a duré que trente-trois jours : elle a été terminée heureusement le 11 août.

Si la chaleur, élevée au dessus de 22 à 23 degrés, rend les éducations de vers à soie plus hâtives, une température assez basse, comme celle de 10 à 12 degrés, ne leur est pas aussi défavorable qu'on l'a cru jusqu'à présent ; elle ne les empêche pas de profiter, elle prolonge seulement leur existence qui, au lieu d'être de trente-deux à trente-six jours, ainsi que cela arrive par 20 à 23 degrés de chaleur constante, se prolonge jusqu'à quarante-cinq ou cinquante jours et même plus, lorsque les vers ont resté à une température de 10 à 13 degrés pendant leurs trois à quatre premiers âges, et lorsque ce n'est que dans le dernier âge que la chaleur de l'atmosphère s'est élevée à 18 et 20 degrés. Mes petites éducations, depuis 1822 jusqu'en 1829, ont presque toujours été faites à la température naturelle ; je n'ai donné un peu de chaleur artificielle que lorsque le thermomètre se trouvait au dessous de 10 degrés dans la chambre où je tenais mes vers, et cependant mes cocons ont toujours été du poids que j'ai indiqué ci-dessus. Je ne conclus pas cependant de cette observation qu'il faille toujours laisser les vers à la température naturelle, je ne rapporte ce que j'ai fait à cet égard que pour prouver que cela n'est pas essentiellement nuisible aux vers, et je pense d'ailleurs qu'il sera toujours plus avantageux de chauffer assez le local destiné aux édu-

cations pour en élever constamment la chaleur à 18 ou
20 degrés. On obtiendra, par ce dernier moyen , une grande
économie de temps et de feuilles, ce qui est une chose
essentielle.

De 1822 à 1829, j'ai élevé chaque année 1,560 à 3,000 vers
à soie, en faisant toujours, depuis 1824, plusieurs éducations par an , et chaque éducation étant de 300 à 600 vers.
Je n'ai pu jusque-là entreprendre des éducations plus considérables, parce que je n'avais pas à Paris assez de feuilles à
ma disposition ; mais le développement que mes mûriers ont
pris en 1829 et en 1830 m'a fourni assez de nourriture pour
les vers d'une et de 2 onces de graine en 1830 et 1831,
et me donne l'espérance de pouvoir élever bientôt plusieurs
onces de graine, et d'augmenter d'année en année mes éducations dans une proportion très avantageuse.

J'ai déjà parlé plus haut du poids dont avaient été le plus
souvent les cocons que j'ai obtenus, je crois qu'il convient
maintenant de dire dans quelle proportion a été la récolte des
cocons comparativement au nombre de vers éclos. Il est constant que, toutes choses égales d'ailleurs, plus on multiplie les
soins, et plus on a d'heureux résultats. Ainsi Dandolo paraît
avoir obtenu tout ce qu'il est possible en ce genre, en ne
perdant qu'un tiers ou même un quart de ses vers, et en ré-
coltant 110 et jusqu'à 120 livres de cocons par once de
graine (1), puisqu'en supposant qu'il n'y eût aucune perte,
le plus qu'on pourrait obtenir, selon le même auteur, serait
165 livres de cocons. Un éducateur a prétendu n'avoir perdu

---

(1) L'once d'Italie est beaucoup plus faible que celle de France,
ancien poids de marc, dont je me suis toujours servi. La première,
selon Dandolo, ne contient que 39,168 œufs, tandis que la nôtre,
selon le compte que j'en ai fait, en renferme environ 50,000. Cette
dernière pourrait donner, en ayant des cocons pesant 6 onces par
cent, et en ne supposant pas un œuf ni un ver de perdus, pourrait
donner, dis-je, jusqu'à 197 livres 8 onces. Il y a aussi quelque différence entre la livre d'Italie et celle de France, mais elle est beaucoup moins considérable.

qu'une centaine de vers sur une éducation de 25,000 ; mais je ne puis croire à cette réussite extraordinaire, car, d'après le résultat de trente-neuf éducations de 300 à 600 vers seulement, je n'ai jamais approché que de bien loin d'un tel succès dans celles qui ont été les plus heureuses, et il est pourtant bien prouvé que moins le nombre des vers mis en éducation est grand, plus il y a de chances de réussite, et je n'ai, dans aucun cas, épargné les soins les plus minutieux.

Voici la proportion des pertes que j'ai éprouvées dans ces trente-neuf éducations faites en huit ans.

$$
\begin{array}{ll}
\text{Dans } 7 \text{ éducations il y a eu perte de } & \tfrac{1}{2}. \\
3 \dots\dots\dots\dots\dots \text{ des } & \tfrac{2}{5}. \\
13 \dots\dots\dots\dots\dots \text{ de } & \tfrac{1}{3}. \\
8 \dots\dots\dots\dots\dots \text{ de } & \tfrac{1}{4}. \\
4 \dots\dots\dots\dots\dots \text{ de } & \tfrac{1}{5}. \\
1 \dots\dots\dots\dots\dots \text{ de } & \tfrac{1}{6}. \\
1 \dots\dots\dots\dots\dots \text{ de } & \tfrac{1}{7}. \\
1 \dots\dots\dots\dots\dots \text{ de } & \tfrac{1}{8}. \\
1 \dots\dots\dots\dots\dots \text{ de } & \tfrac{1}{9}.
\end{array}
$$

Quant à la durée, voici quelle a été celle de ces différentes éducations, qui n'ont été comptées pour finies que du jour où le dernier ver est monté pour filer (1).

$$
\begin{array}{ll}
1 \text{ a duré} \dots\dots\dots\dots & 33 \text{ jours.} \\
2 \dots\dots\dots\dots\dots & 36 \\
1 \dots\dots\dots\dots\dots & 39 \\
2 \dots\dots\dots\dots\dots & 40 \\
2 \dots\dots\dots\dots\dots & 41 \\
1 \dots\dots\dots\dots\dots & 43 \\
4 \dots\dots\dots\dots\dots & 44 \\
5 \dots\dots\dots\dots\dots & 45 \\
6 \dots\dots\dots\dots\dots & 46 \\
2 \dots\dots\dots\dots\dots & 48 \\
2 \dots\dots\dots\dots\dots & 51 \\
4 \dots\dots\dots\dots\dots & 53 \\
1 \dots\dots\dots\dots\dots & 54 \\
5 \dots\dots\dots\dots\dots & 55 \\
1 \dots\dots\dots\dots\dots & 57
\end{array}
$$

____

(1) Toutes ces éducations, comme je l'ai dit plus haut, ont été faites à la température naturelle, c'est ce qui a causé la grande différence qui se trouve dans leur durée.

Il serait trop long d'établir pour chaque éducation en particulier la proportion de son produit avec sa durée ; il ne m'a pas paru d'ailleurs que l'un fût toujours en rapport avec l'autre, et que les éducations les plus courtes fussent celles dans lesquelles on éprouve moins de perte, tandis que les plus longues seraient celles dans lesquelles on perdrait le plus de vers. Ce qui me prouve que cela n'arrive pas toujours ainsi, quoique cela parût très vraisemblable, c'est que dans une éducation qui a duré cinquante-sept jours, comme dans la plus courte, celle de trente-trois jours, j'ai eu perte du tiers. Dans une autre éducation, qui n'avait duré que trente-six jours, j'ai perdu moitié des vers ; et celle qui a été la meilleure de toutes, ou dans laquelle je n'ai eu qu'un neuvième en perte, a duré quarante-trois jours.

Depuis que j'ai opéré sur des quantités plus considérables, c'est à dire par once de graine, j'ai fait trois éducations ; une seule en 1830 et deux en 1831.

Dans la première, faite en 1830 et qui a été la plus malheureuse que j'aie jamais eue, j'ai perdu au moins les sept dixièmes de mes vers, sans compter un plus grand nombre que j'ai été obligé d'abandonner avant la fin de l'éducation, faute de nourriture, parce que j'avais eu mes mûriers gelés, ainsi que je le dirai plus bas. Cette éducation s'est d'ailleurs prolongée pendant soixante jours. Les causes qui ont produit un résultat aussi fâcheux sont que les mois de mai et juin ont été très froids et pluvieux en 1830, et que je n'avais qu'une cheminée dans la chambre où étaient mes vers ; or, dans le climat de Paris, une cheminée est insuffisante pour échauffer convenablement le local des vers à soie lorsque la saison est froide, et quand elle ne le serait pas constamment, il est fort rare qu'il n'y ait pas en mai et juin, et surtout dans le premier de ces mois, des nuits et des matinées assez froides, quelquefois même des journées entières.

En 1831, j'ai beaucoup mieux pris mes précautions contre le froid ; j'ai fait établir dans ma magnanerie un poêle, avec lequel j'ai pu maintenir constamment la chaleur entre 18 et

20 degrés : aussi la santé de mes vers a été beaucoup meil‑
leure pendant mes éducations , et elles n'ont duré que trente‑
cinq jours. La première a commencé le 9 mai et elle s'est
terminée le 13 juin ; la seconde, entreprise le 1er. juin, était
achevée le 5 juillet. Dans l'une j'ai perdu un peu plus de
moitié des vers éclos , et dans l'autre à peu près moitié. Dans
ces deux éducations, 270 à 280 cocons pesaient une livre, et
mes récoltes ont été dans la proportion de 75 à 80 livres de
cocons par once de graine.

Ce produit n'égale pas sans doute celui que le comte
Dandolo a obtenu en Italie ; mais l'on doit croire que l'heu‑
reuse influence du climat a contribué pour beaucoup à lui
procurer d'aussi bonnes récoltes que celles qu'il annonce, et
je pense qu'ayant eu souvent à combattre l'intempérie de la
saison dans le nord de la France , je puis encore me féliciter
des résultats que j'ai obtenus.

Parmi les auteurs qui ont traité de l'éducation des vers à
soie, les uns ont dit qu'il suffisait de deux jours pour l'éclo‑
sion complète des œufs, les autres ont porté à trois jours le
temps nécessaire pour que la totalité des vers fût née : tel
moyen que j'aie employé, soit l'incubation au nouet, en
portant les œufs sur moi à une chaleur de 28 degrés, et en
les exposant, quand les vers commençaient à percer leur petite
coquille , à la chaleur de 24 à 26 degrés, dans une étuve, ou
en les plaçant tout de suite dans l'étuve, dont j'élevais gra‑
duellement la chaleur depuis 18 degrés le premier jour jusqu'au
terme indiqué ci‑dessus dans les derniers jours, il m'est tou‑
jours né , à partir du deuxième jour où l'éclosion avait com‑
mencé , jusqu'au cinquième, une quantité assez considérable
de vers pour qu'elle valût la peine d'être conservée : ce
n'est donc qu'après le cinquième jour accompli qu'on doit
négliger le reste de la couvée.

On a parlé des moyens à employer pour rendre égaux les
vers nés dans les différentes journées pendant lesquelles l'é‑
closion a eu lieu, je crois qu'il est fort difficile, pour ne pas
dire impossible, de rendre les derniers nés égaux à ceux qui

sont venus les premiers à la vie, surtout si l'on conserve tout ce qui est né pendant quatre jours ; je ne vois d'ailleurs aucun avantage réel à cela ; il suffit, selon moi, que les vers de chaque journée soient égaux entr'eux pour être placés ensemble sur les mêmes tablettes, et comme ils n'éclosent en général que depuis cinq à six heures du matin jusqu'à deux ou trois heures de l'après-midi, l'éclosion étant fort peu de chose le reste de la journée, et tout à fait nulle pendant la nuit, il devient assez facile d'empêcher les vers nés le matin de prendre plus de force que ceux qui ne sont nés que vers la moitié ou les deux tiers de la journée. En effet, les vers n'éclosant en général que pendant neuf à dix heures après le lever du soleil, temps pendant lequel on peut en faire quatre levées, on ne donne à tous que trois repas, en éloignant ceux donnés aux premiers nés, et en rapprochant, au contraire, ceux distribués aux derniers.

Je ne puis entrer ici dans tous les détails nécessaires à une éducation, je dois supposer les détails ordinaires connus, et je ne parle que des choses qui ne se trouvent pas ordinairement dans les livres, ou sur lesquelles mes observations ne sont pas d'accord avec ce qui a été dit par les auteurs qui ont écrit des traités sur les vers à soie.

C'est ainsi que je n'ai jamais été assez heureux pour que les mues, dans mes éducations par once de graine, de même que dans celles par centaines de vers seulement, aient été aussi simultanées qu'on le dit dans les livres : à en croire les auteurs, tous les vers s'endorment à la fois, se réveillent ensemble, et au bout de vingt-quatre à trente heures tout est fini. J'ai toujours vu, au contraire, que dans les vers nés, soit en un seul jour, soit même en un seul temps, c'est à dire ceux d'une même levée, un certain nombre devançait très souvent les autres pour s'endormir et se réveiller, tandis qu'il ne m'a jamais manqué d'en avoir une assez grande quantité en retard : de sorte que s'il est vrai de reconnaître que chaque ver peut faire sa mue en vingt-quatre ou trente heures, il faut aussi convenir que les vers, je ne dis pas d'une chambrée, mais tous ceux nés la même journée, pris dans leur ensemble, sont ordinairement trois jours avant de l'avoir terminée, et encore, même après ce temps, y a-t-il toujours quelques retardataires ; mais alors ils sont en petit nombre, et l'on peut regarder ces retardataires comme des vers mal portans, dont on ne doit pas espérer beaucoup de produit et qu'on peut abandonner.

On trouve encore dans les livres que, lorsque les vers se mettent à filer, les quatre cinquièmes montent sur les cabanes en vingt-quatre ou trente heures au plus. Je dois dire, à ce sujet, que je n'ai jamais vu cela, même lorsque, dans mes éducations d'essai, je n'avais que 300 à 600 vers nés tous du même jour, et encore moins lorsque j'ai élevé les vers d'une once de graine et plus, lesquels ont toujours mis quatre jours à éclore, sans compter le premier, pendant lequel le peu qui naît ne vaut pas la peine d'être conservé. Mais en n'ayant égard qu'aux vers nés le même jour, la montée cependant n'a jamais duré moins de cinq à six jours, et encore je ne compte pas deux à cinq retardataires par cent qu'il est bon de retirer de dessous les cabanes et de mettre filer à part, parce qu'après ce temps il se passe encore quelquefois deux à trois jours, jusqu'à ce qu'ils se décident à monter.

Si je n'avais fait qu'une ou deux éducations, je croirais que je m'y suis mal pris ; mais il n'est pas possible qu'en ayant fait plus de quarante, je ne sois jamais arrivé aux résultats annoncés dans les livres, si les auteurs n'avaient pas pris plaisir à trop embellir l'histoire de leurs éducations.

Quoique les résultats que j'ai obtenus dans la pratique n'aient pas été aussi brillans que ceux annoncés par beaucoup d'auteurs, j'ai cru devoir les faire connaître, non pour dégoûter les personnes qui voudraient entreprendre des éducations de vers à soie dans le nord de la France, mais pour leur apprendre la différence qu'il pouvait y avoir entre la pratique et la théorie.

Je n'ai que peu de choses à dire sur la durée des différens âges ; elle dépend uniquement du plus ou moins de chaleur à laquelle les vers sont exposés. A une température élevée, les cinq âges que les vers doivent traverser avant de filer leur cocon peuvent ne durer que trente jours et même un peu moins ; à une basse température, au contraire, ces cinq âges peuvent se prolonger pendant deux mois. J'ai déjà dit plus haut qu'il était toujours plus avantageux de raccourcir le temps des éducations.

Je reviens maintenant aux doubles et aux triples éducations. Comme dans toutes les parties de la France où l'on élève maintenant des vers à soie, on n'en fait encore, dans l'état actuel des choses, qu'une seule, rien ne peut réparer une mauvaise récolte, si ce n'est l'introduction plus considérable de soies étrangères. Une seconde et une troisième éducation fourniraient les moyens de se passer de cette ressource dispendieuse, et pourraient dédommager le cultivateur français, lorsque la première n'aurait pas été heureuse.

Les récoltes de soies faites aujourd'hui en France ne peuvent d'ailleurs suffire aux besoins de nos manufactures ; celles-ci tirent tous les ans de l'étranger, comme je l'ai déjà dit au commencement de ce mémoire, pour 36 à 40 millions de soie. Des récoltes doubles et triples, faites seulement dans quelques cantons et dans quelques domaines, pourraient remplir cette lacune.

On n'a jusqu'à présent que peu ou point entrepris de constructions un peu considérables pour faire des éducations de vers à soie, parce que ces constructions seraient dispendieuses, et qu'une seule éducation ne dédommagerait que bien tard des frais qu'elles exigeraient : cela borne nécessairement beaucoup la quantité des vers qu'on peut élever. En faisant trois récoltes de soie chaque année, il deviendra bien plus facile d'élever de vastes magnaneries nécessaires pour de grandes éducations, parce que le produit sera triplé chaque année, et que par conséquent le propriétaire rentrera bien plus promptement dans les avances qu'il aura pu faire pour la construction des bâtimens nécessaires à loger une grande quantité de vers à soie.

Les grandes magnaneries doivent être construites d'après certaines règles qu'il serait trop long d'exposer ici ; il me suffira de dire brièvement la quantité de pièces dont elles doivent être composées. Il faut d'abord qu'elles aient, 1°. un ou plusieurs celliers pour mettre la provision des feuilles ; 2°. un cabinet pour placer les papillons lorsqu'ils s'accouplent et lorsqu'ils pondent ; 3°. un magasin pour mettre les cocons lorsqu'ils sont récoltés. Ensuite les pièces destinées aux éducations proprement dites, et telles que je les propose, doivent être au moins au nombre de quatre : 1°. il faut une petite chambre pour servir d'étuve, y faire éclore la graine et y tenir les vers pendant le premier âge ; 2°. une deuxième chambre, au moins moitié plus grande que l'étuve, sera destinée à placer les vers pendant le second et le troisième âge ; 3°. une autre chambre double de la seconde en grandeur sera nécessaire pour le quatrième âge ; 4°. enfin il faudra, pour le cinquième âge, un vaste local, dans lequel les vers à soie seront placés aussitôt qu'ils auront terminé leur quatrième mue, et dans lequel ils devront faire leurs cocons. En ayant soin de faire passer successivement les vers de la première chambre dans la seconde, de celle-ci dans la troisième et ainsi de suite ; en s'arrangeant d'ailleurs de manière à ménager l'éclosion des vers de la première, de la seconde et de la troisième éducation, de sorte qu'il y ait toujours vingt-quatre à vingt-cinq jours entr'elles, on pourra non seulement remplacer sans aucune difficulté, dans chaque pièce, la première éducation par la seconde, et celle-ci par la troisième, mais il restera encore assez de temps entre le passage des vers d'une chambre à l'autre, pour que chaque pièce de la magnanerie reste vide pendant plusieurs jours, et pour qu'on puisse alors facilement la nettoyer complétement et l'assainir, en laissant toutes les portes et toutes les fenêtres ouvertes. Enfin, en mettant tous ces moyens convenablement en usage, il est très facile de faire trois récoltes de soie dans l'espace de trois mois, ou tout au plus de quatre-vingt-quinze à cent jours.

C'est en général du 25 avril au 10 de mai qu'on devra
commencer les éducations de vers à soie dans le climat de
Paris. Dans les années où le printemps fait sentir plus tôt sa
douce influence, l'éclosion des vers devancera cette époque
de plusieurs jours. Ainsi, en 1827, des vers sont éclos naturellement chez moi dès le 13 et le 14 avril. La graine qu'on
fait venir du midi éclôt toujours aussi quelques jours plus tôt
que celle qui a été pondue à Paris. Dans les années où le froid
se prolonge plus long-temps, il ne sera possible de commencer les éducations que dans la première semaine de mai.
Ainsi, en 1829 je n'ai eu de vers éclos que le 3 de mai. Il est
à propos, d'ailleurs, d'établir ici une distinction qui me paraît importante, c'est à savoir si l'on veut faire une seule
éducation ou plusieurs. Quand on se propose plusieurs éducations, il faut commencer la première aussitôt que les bourgeons de mûrier ont deux à trois feuilles, afin d'avoir plus
de temps devant soi, et de ne pas laisser la feuille devenir
trop dure pour la dernière éducation ; mais lorsqu'on ne voudra en faire qu'une seule, je crois qu'il y aura plus d'avantage à retarder un peu l'éclosion qu'à la hâter, parce qu'il
n'est pas rare de voir à cette époque la température baisser
tout à coup de plusieurs degrés, ce qui ralentit sensiblement
la pousse des feuilles ; une gelée tardive peut même l'arrêter
entièrement, et dans ce cas on serait exposé à éprouver une
disette de nourriture. Il vaudrait mieux, si cela venait à arriver, réduire les vers à un seul repas par jour, ou même les
faire jeûner pendant quatre à cinq jours, que de sacrifier,
pour les alimenter, une trop grande quantité de jeunes
bourgeons à peine encore développés. Il faut seulement
avoir le soin de réduire en même temps à la plus basse température qu'il sera possible, comme à celle de 10, de 9 degrés, et même au dessous, les vers laissés à la diète. Les
expériences que j'ai faites à ce sujet en 1827, et que j'ai
confirmées en 1830 par de nouvelles et nombreuses observations, prouvent suffisamment, je crois, l'innocuité de
cette méthode.

Première expérience. Le 18 avril 1827, j'avais fait éclore beaucoup plus de vers que la quantité de feuilles de mûrier dont je pouvais disposer ne me permettait d'en élever : c'est pourquoi je fus forcé, sept jours après, d'abandonner sans nourriture environ 3,000 de ces vers, en les laissant seulement sur leur litière ; cependant j'avais soin de les observer chaque jour, afin de voir combien de temps ils pourraient vivre étant privés de nourriture. A ma grande surprise, ils conservèrent pendant quatre jours à peu près la même vivacité que s'ils avaient eu des feuilles de mûrier à manger, et je n'en re-marquai pas qui fussent sans mouvement ou morts. Après cent heures du jeûne le plus sévère, je jetai, dans un coin de la boîte où étaient ces vers, quelques feuilles de mûrier, et peu d'instans après, ces feuilles furent couvertes de vers qui mangeaient bien. Le lendemain, je donnai encore de la nour-riture à d'autres vers qui étaient dans une autre partie de la boîte, et ces derniers se mirent de même à monter sur la feuille et à la manger. Le sixième et le septième jour, je fis encore la même chose, et ce qui doit mériter d'être remar-qué, c'est que le premier de ces deux jours les vers que je recueillis, après qu'ils eurent monté sur la feuille, avaient tous fait leur première mue, et six jours entiers de jeûne ne les avaient pas empêchés de sortir sains et saufs de cette mue ; que d'autres vers du même âge, et auxquels je donnais cons-tamment trois repas tous les jours, ne la firent cependant que vingt-quatre heures plus tard. Je conservai 250 de ces vers mis à un jeûne rigoureux, les uns pendant quatre jours entiers, les autres pendant cinq, six et même sept jours, et en les remettant dès lors à la même nourriture que ceux qui n'en avaient jamais été privés, ils parcoururent le reste de leur carrière ni plus ni moins bien que ceux qui avaient eu constam-ment à manger tous les jours. Il y a mieux, c'est que le cent de cocons de mes vers jeûneurs pesa 6 onces 5 à 6 gros, tan-dis que 100 cocons faits par les autres vers ne pesaient que 6 onces 2 à 3 gros. La température, pendant les jours de jeûne, avait été, dans la chambre, entre 9 degrés et demi et

11 degrés. Quant aux vers que je continuai à laisser tout à fait privés de nourriture, ils moururent tous du huitième au neuvième jour.

Deuxième expérience. Cent vers à soie, nés le 1ᵉʳ. mai 1830, ayant été mis aussitôt dans un bocal, qui fut exactement bouché et placé dans une cave à 9 degrés et demi, quatre-vingt-huit de ces petits animaux étaient encore vivans le huitième jour.

Troisième expérience. La plus grande partie de mes mûriers ayant gelé (1) le 26 avril 1830, au moment où je venais de faire éclore mes vers à soie, je cherchai à remédier à cet accident en tenant ces derniers à 10 ou 12 degrés seulement, et en ne leur donnant que deux repas par jour, et même après leur première mue, qui eut lieu du douzième au treizième jour, je les réduisis à un seul repas en vingt-quatre heures. Malgré cette réduction dans la nourriture, je crois que je serais parvenu à faire une bonne éducation ; car, au vingt-cinquième jour, mes vers étaient bien portans, et je n'en avais perdu qu'un petit nombre, ils étaient seulement peu avancés pour l'âge qu'ils avaient ; mais dès lors il y eut de brusques changemens dans la température atmosphérique, le thermomètre exposé extérieurement, après avoir monté à 22 degrés, descendit à 6 dans son minimum. Le changement dans la chambre de mes vers fut un peu moins grand et moins brusque ; mais il le fut encore trop, et mes vers en souffrirent d'autant plus, que presque tout le mois de juin fut froid et pluvieux. La chambre dans laquelle étaient mes vers n'avait pas d'ailleurs été préparée pour une telle intempérie, de sorte que dans le quatrième et le cinquième âge j'eus beaucoup de malades et de morts. Je n'attribue ce malheur qu'aux variations trop fréquentes de température auxquelles mes vers ont été exposés ; car ils s'étaient toujours bien portés pendant tout le temps qu'ils furent réduits à un ou deux repas par jour, temps pen-

---

(1) Tous mes mûriers placés à l'exposition du nord ou du levant furent frappés de la gelée ; ceux du midi n'en furent point atteints.

dant lequel ils étaient restés à une température moyenne de 10 à 12 degrés, et ils ne commencèrent à être malades que lors-qu'on leur donna quatre à cinq repas par jour, mais aussi lorsqu'on ne put empêcher qu'ils éprouvassent 6 à 8 degrés de différence en vingt-quatre heures, et même jusqu'à 8 à 10 degrés en deux jours.

Quatrième expérience.. Malgré la diète plus ou moins ri-goureuse à laquelle j'avais soumis, pendant vingt-cinq jours, les vers dont il vient d'être parlé, afin de ménager la nou-velle feuille, qui ne poussait que lentement, je reconnus que je ne pourrais élever jusqu'au bout tout ce que j'avais fait éclore (plus de 2 onces de graine) : je me décidai donc à abandonner les deux tiers de mes vers sans leur rien donner, afin de conserver le peu que j'avais de feuilles pour l'éduca-tion complète du tiers restant. Au bout de six jours d'aban-don, dont les deux derniers passés à l'air libre sur une litière, qui était devenue un véritable fumier, par suite des pluies abondantes qui étaient tombées soit le jour, soit la nuit, un grand nombre de vers ainsi abandonnés avait fait sa troisième mue, et ceux-là paraissaient pleins de vie. J'en recueillis en-viron 300, auxquels je donnai de nouvelles feuilles, et en leur continuant dès lors de bons soins, les quatre dixièmes de ces vers sont parvenus à l'âge de maturité; avant de filer, plusieurs d'entr'eux pesaient depuis 72 jusqu'à 88 grains, et le cent de leurs cocons a donné en poids 6 onces passées. Il y a eu sans doute perte des six dixièmes; mais par les raisons dites plus haut, la perte a été à peu près la même dans les vers ordinaires de mon éducation, qui, depuis le vingt-cin-quième jour, avaient eu constamment trois repas par jour, puis quatre, et enfin cinq repas dans le cinquième âge.

Cinquième expérience. Vers le même temps, 500 vers, longs de 9 à 10 lignes, et par conséquent au milieu du troi-sième âge, ayant été abandonnés sans manger pendant cinq jours, il n'y en avait que 6 de morts au bout de ce temps.

Sixième expérience. 100 vers avaient été privés de toute

nourriture au moment où ils venaient de faire leur troisième
mue ; ils étaient si languissans au commencement du septième
jour, lorsque je leur redonnai à manger, que 31 seulement
eurent la force de monter sur la nouvelle feuille ; les autres
moururent sans y toucher, et cinq jours après il ne restait plus que 11 vers vivans sur les 31 qui avaient pu ré-
sister à six jours de jeûne, et encore paraissaient-ils si faibles, que je ne jugeai pas à propos de continuer plus long-
temps à les observer.

Ces différentes expériences me paraissent établir d'une
manière assez positive que, pourvu que le jeûne ne soit pas
trop prolongé, on peut, sans leur nuire sensiblement, laisser les vers pendant plusieurs jours sans leur donner à manger : elles prouvent aussi que le temps le plus favorable pour
les faire jeûner est le moment où ils viennent de naître,
et ensuite celui où ils vont faire leur mue. Ils supportent
bien moins long-temps la privation de nourriture lorsqu'on
la leur impose tout de suite après la mue, et cela s'explique
facilement : la mue est un temps de maladie pendant lequel
la nourriture n'est pas nécessaire ; mais cette crise passée,
c'est le moment de la convalescence, durant lequel le ver ne
peut plus vivre long-temps, s'il ne trouve pas à rétablir ses
forces en prenant une nouvelle nourriture.

On peut faire voyager à une assez grande distance des
vers nouvellement éclos : en 1830, j'ai transporté à vingt
lieues de Paris, pendant la nuit du 30 avril, tous les vers
qui m'étaient éclos depuis le 24 jusqu'au 29 ; il y en avait
environ 100,000 : ils étaient sur leur litière dans six boîtes
de grandeur suffisante, posées les unes sur les autres et sépa-
rées par de petits supports entre chaque boîte, afin de laisser passer l'air par les intervalles, et le tout était renfermé
dans un grand panier à claire-voie, lequel fut mis sur l'im-
périale de la diligence. Le lendemain, 1er. mai, les vers
étaient dans le même état que s'ils n'eussent pas été remués
de place, et ils auraient pu faire, à ce qu'il m'a paru, trente

à quarante lieues de plus, si cela avait été nécessaire. Je ne donne cette observation que comme une chose curieuse , sans y attacher plus d'importance qu'elle ne mérite.

Je crois avoir prouvé qu'on peut faire de bonnes éducations de vers à soie dans le climat de Paris ; mais je dois faire observer que ceux qui voudront se livrer à cette branche d'industrie agricole auront à lutter contre quelques difficultés plus grandes que celles qu'on trouve dans nos provinces méridionales, et quoique j'aie déjà dit quelque chose de ces difficultés, je dois y revenir encore, parce que je ne les ai pas toutes énoncées , et qu'il me paraît utile d'insister sur celles dont j'ai déjà parlé : ainsi, l'on saura d'avance d'une manière positive tout ce qu'il y a à craindre ou tout ce qu'on peut espérer.

Premièrement. Les mûriers plantés dans le nord de la France donnent moins de feuilles que ceux du midi, parce que la végétation de ces derniers se développe plus tôt et s'arrête plus tard, à raison du plus ou moins de chaleur qui s'y fait sentir : il peut y avoir quinze jours à un mois de différence au printemps et autant en automne à l'avantage des pays méridionaux sur ceux du Nord.

Secondement. Les gelées tardives, qui peuvent faire perdre entièrement la jeune pousse au moment où l'on va commencer l'éducation, et dont la Provence elle-même a quelquefois à souffrir, sont cependant bien plus fréquentes dans le Nord ; mais heureusement ces gelées tardives ne sont pas toujours générales. Ainsi, en 1830, malgré les froids rigoureux et prolongés qu'on avait éprouvés en janvier et en février, les beaux jours ayant succédé rapidement à la froidure, et une température douce s'étant fait sentir pendant la plus grande partie du mois de mars, les bourgeons de mûriers se mirent en mouvement dans les premiers jours d'avril, et comme ils étaient suffisamment développés vers le 18, je commençai, ce jour-là, à chauffer ma graine pour la faire éclore. Le 24, le 25 et les deux jours suivans, l'éclosion de mes vers eut lieu ; mais le 26, le thermomètre, au lever du soleil, était au dessous de zéro, et il y eut de la glace formée dans l'endroit où j'avais mes mûriers ; c'était un petit vallon, aux environs de Dreux, à 20 lieues de Paris : dans cette dernière ville, au contraire, le thermomètre était encore, à la même époque, à 3 deg. au dessus du terme de la congélation. La plus grande partie des mûriers que j'avais dans ce canton eurent leurs jeunes bourgeons gelés. Je fus d'autant plus fâché de cet accident que c'était la première fois que je me proposais de faire une éducation un peu en grand ; j'avais fait éclore 2 onces et demie de graine. En même temps que les bourgeons des mûriers, ceux des frênes et des noyers furent également gelés, et j'ai vu, le 15 mai, ceux des chênes, déjà alors longs de plusieurs pouces, être également frappés de la gelée.

Troisièmement. Les hivers, presque toujours plus froids et plus prolongés dans le Nord, attaquent aussi plus souvent et plus fortement les jeunes rameaux des mûriers. Le froid qui arrive brusquement en automne est surtout à craindre pour ces arbres ; car alors toute la partie tendre des rameaux et non encore suffisamment aoûtée se trouve frappée par la gelée et périt.

Quatrièmement. Il est indispensable de choisir pour les mûriers la nature du terrain, ainsi qu'une bonne exposition, et je répéterai ici ce que j'ai déjà dit plus haut, d'après l'expérience que j'en ai faite, ces arbres ne pourront réussir que dans un sol fertile, ayant du fond, plutôt sec qu'humide, et exposé au midi : partout ailleurs ils languiront et périront même.

Le meilleur moyen de remédier à ces différens inconvéniens est d'avoir toujours, proportionnellement aux éducations qu'on se propose de faire, une quantité de mûriers plus considérable que celle qui serait nécessaire dans les pays méridionaux ; on pourra alors laisser reposer pendant une année, tous les arbres qui auraient souffert de l'intempérie des saisons. Nos printemps, très variables dans le Nord, exigeront que les soins pour les chambrées soient beaucoup plus multipliés, afin de ne pas laisser souffrir les vers des variations atmosphériques, que j'ai vues en 1830 et en 1831 être de 22 degrés pendant le cours d'une éducation.

Selon que les gelées tardives du printemps auront frappé une plus ou moins grande quantité de mûriers, il faudra faire jeûner les vers pendant quatre à cinq et même six jours, en les tenant en même temps à 9 ou 10 degrés seulement, si cela est possible ; ce à quoi l'on parvient en ouvrant les portes et les fenêtres de la chambre, le matin et le soir, lorsque l'air est rafraîchi, et en les fermant au contraire exactement, dès que la température extérieure s'élève au dessus du tempéré. On sacrifiera ensuite la moitié ou les deux tiers de la chambrée, pour avoir de quoi élever le reste.

Enfin si la gelée a été assez forte pour anéantir tous les bourgeons de mûriers, il conviendra d'ajourner l'éducation jusqu'à l'année suivante, qui probablement sera plus heureuse. Dans ce cas, la perte de l'éducation des vers à soie sera bien moins considérable que celle que peut éprouver, dans les mêmes circonstances, le propriétaire d'un vignoble. Ce dernier, l'année où il ne récolte pas de vin par suite d'une gelée, est encore obligé de faire au moins la moitié des frais ordinaires, tandis que l'éducateur de vers à soie n'aura que la taille et la façon de ses mûriers à payer ; ce qui est peu considérable : il a d'ailleurs une ressource dont le vigneron est le plus souvent privé.

Les bourgeons secondaires de la vigne donnent bien rarement assez de grappes pour produire une bonne récolte de vin. Vingt à vingt-cinq jours plus tard, au contraire, les mûriers qui ont été frappés de la gelée produiront de leurs sous-yeux autant et plus de feuilles que ne l'auraient fait les premiers bourgeons. Il ne faut donc, pour réparer tout le mal, qu'avoir en réserve une quantité de graine égale à ce qu'on a été obligé d'abandonner, et la faire éclore pour remplacer la première éducation perdue, lorsqu'on verra ces secondes feuilles commencer à se développer. Celui qui, d'après les préceptes que j'ai donnés ci-dessus, se sera mis à même de faire, chaque année, deux à trois récoltes successives de cocons, se trouvera toujours en mesure pour le cas dont il est question ; il fera seulement, cette année-là, une récolte de moins.

On croit généralement qu'il faut éviter de laisser exposés à la gelée les œufs des vers à soie ; tous les auteurs qui ont écrit sur l'art d'élever ces insectes n'ont pas manqué de recommander de préserver la graine de tout froid qui pourrait faire descendre le thermomètre au dessous de zéro : ils assurent que cela nuit beaucoup à l'éclosion, et que le moindre mal que le froid puisse produire est de retarder cette éclosion et de la faire traîner en longueur, ou même de la faire avorter en grande partie. Cependant j'ai exposé, en janvier 1830 et pendant trois jours de suite, une certaine quantité d'œufs de vers à soie à 10 degrés au dessous de zéro, échelle de Réaumur, et cela n'a eu aucune influence fâcheuse sur cette graine ; car, à la fin du mois d'avril suivant, elle a éclos en même temps que celle qui avait été préservée du froid : l'éclosion des vers n'a pas été prolongée plus qu'à l'ordinaire, et elle a eu lieu absolument dans les mêmes proportions que dans celle qui n'avait pas été exposée à la gelée.

Jusqu'à présent le papillon mâle du ver à soie n'est employé qu'à la fécondation d'une ou tout au plus de deux femelles ; il peut, au contraire, en féconder douze et même davantage : un de ces insectes s'est accouplé jusqu'à dix-sept fois de suite. Les vers nés de la fécondation qui avait eu lieu par le douzième accouplement n'ont pas différé de ceux qui provenaient du premier. Cette observation peut fournir les moyens de perdre un peu moins de cocons, si l'on veut, à l'avenir, ne réserver, pour féconder la graine, que le quart et même la sixième ou la huitième partie des cocons à papillons mâles, au lieu d'en garder autant de mâles que de femelles, ainsi qu'on le fait maintenant. Il est assez facile, comme je l'ai observé, de reconnaître les cocons qui doivent donner des papillons mâles, de ceux d'où sortiront des femelles ; les premiers sont en général plus petits et plus légers, tandis que les seconds sont presque toujours plus gros et plus pesans.

Les vers à soie bien traités ne dégénèrent pas, comme le croient beaucoup de gens dans les pays où l'on se livre à ce genre d'industrie, lorsque la graine n'est pas changée de temps en temps d'un canton à l'autre ; on peut, au contraire, rétablir par de bons soins une race de vers dégénérés, au point que, dans leur état de dégénération, il serait impossible d'en retirer aucune espèce de produit. Ayant nourri, en 1824, des vers à soie avec des feuilles de mûrier rouge, ces vers ont fait des cocons, les plus petits peut-être qu'on ait jamais vus, et si légers, que le cent ne pesait que 1 once 6 gros. En 1825, les vers provenant des œufs pondus par des papillons femelles qui étaient sortis de ces cocons dégénérés et fécondés par des mâles de la même éducation, ayant été remis à la nourriture du mûrier blanc et traités avec soin, ont produit des cocons dont le poids d'un cent était, aussitôt après la récolte, de 4 onces 3 gros 66 grains. La graine de ces derniers ayant été également bien soignée en 1826, les nouveaux vers qui en sont sortis se sont encore améliorés, et ils ont fait des cocons dont le cent pesait 5 onces 2 gros. En 1827, l'amélioration a été également en croissant ; le cent des nouveaux cocons a pesé 6 onces 1 gros 24 grains ; mais comme je n'ai pu m'occuper moi-même de l'éducation de mes vers en 1828, ils ont produit des cocons un peu plus faibles que ceux de l'année précédente, le cent ne pesait que 5 onces 2 gros 24 grains. Enfin ayant donné de nouveau, en 1829, tous les soins convenables aux vers de cette race, j'ai eu la satisfaction de la voir complétement régénérée et rétablie de l'état de dégénérescence où elle était tombée en 1824 ; le cent des derniers cocons que j'ai obtenus pesait 6 onces 4 gros ; ce qui est le poids de la même quantité de cocons dans les éducations citées comme les meilleures qu'il soit possible de faire.

Dans les provinces où l'on fait depuis long-temps des éducations de vers à soie, je ne sache pas que la litière retirée des magnaneries ait d'autre emploi que de servir à augmenter la masse des fumiers ; mais j'ai remarqué que cette litière, mise en tas, était susceptible de développer beaucoup de

(44)

chaleur ; j'ai observé qu'un thermomètre plongé dans un de
ces tas, faits seulement depuis deux jours, avait monté à
45 degrés Réaumur, et je crois qu'on pourrait très bien, dans
les pays du Nord, en faire de bonnes couches pour les plantations de melons tardifs, pour celles de patates, et en général pour servir à toutes les plantes dont on a encore besoin
de hâter la végétation pendant le mois de mai et le commencement de juin ; qui est le temps où l'on pourrait facilement
se procurer cette litière.

TROISIÈME PARTIE.

DES CHENILLES AUTRES QUE LE VER A SOIE,

Qui produisent ou une autre espèce de soie, ou une matière
soyeuse.

Quelle que soit l'abondance de la soie à la Chine, on n'a
pas cependant négligé de s'y occuper de l'éducation des autres espèces de vers auxquels on a donné le nom de *sauvages*,
pour les distinguer des vers à soie ordinaires, qu'on y regarde en quelque sorte comme domestiques. Ces vers sauvages produisent une autre sorte de soie qui, sous tous les
rapports, diffère de celle que nous connaissons, mais qui a
été trouvée également propre à fabriquer des tissus plus ou
moins précieux. Il y a mieux, c'est que c'est seulement à la
Chine, d'où la vraie soie est originaire, qu'on s'est occupé
de tirer parti des autres chenilles qui font aussi des cocons
composés de fils soyeux ou cotonneux ; partout ailleurs ces
produits naturels ont été négligés, et nulle part, que nous
sachions, on n'a cherché à en tirer un parti quelconque.

C'est donc à la Chine qu'il faut aller chercher les premières
notions sur ce sujet nouveau pour nous : les détails que je
donne ici sur les vers à soie sauvages sont tirés d'un mémoire
qui a été extrait des manuscrits des PP. Cibot et d'Incarville,
et inséré dans le 2ᶜ. volume d'un ouvrage que les missionnaires de Pékin ont publié sur l'histoire, les sciences et les
arts des Chinois.

La première découverte de ces insectes remonte, selon le mémoire cité, à 177 ans avant notre ère ; mais plusieurs siècles se sont écoulés, à ce qu'il paraît, avant que les Chinois en aient tiré un grand parti : ils se contentaient de faire la récolte des cocons sauvages, lorsqu'ils se trouvaient très abondans dans les bois, ce qui n'arrivait que rarement et à des intervalles souvent très longs. A la fin, l'industrie chinoise ne s'est pas contentée de ces produits accidentels, elle a su les régler et rendre ces récoltes certaines et périodiques chaque année, en pliant jusqu'à un certain point ces vers à une sorte de domesticité, quoique toutes leurs habitudes naturelles annoncent un besoin irrésistible de la liberté.

D'après les recherches des PP. Cibot et d'Incarville, on élève à la Chine trois espèces de vers à soie sauvages, ceux du *fagara* ou poivrier chinois, ceux du frêne et ceux du chêne.

Les deux premières espèces se traitent de la même manière. Lorsque les chenilles ont achevé le travail de leurs cocons, ce qui arrive vers la fin de l'été ou au commencement de l'automne, elles s'y tiennent renfermées jusqu'au printemps de l'année suivante, et c'est alors qu'elles sortent sous la forme de papillons. On laisse la liberté de s'envoler aux mâles, qu'on est toujours sûr d'attirer au moyen des femelles. Quant à ces dernières, on les saisit dès qu'elles sortent de leurs cocons, et on les attache par une de leurs ailes à un fil de soie assez long, dont on arrête l'autre bout sur un gros paquet de moelle sèche de grand millet, qu'on a soin de suspendre en plein air. Les mâles, attirés par les femelles, viennent les féconder dès la première nuit, et sont exacts à revenir les nuits suivantes ; mais ils disparaissent dès l'aurore et ne se montrent plus du reste de la journée. Les femelles, ne pouvant s'éloigner du faisceau de moelle de millet, commencent à y déposer leurs œufs dès le second jour, et continuent pendant huit à dix jours leur ponte, qui s'élève communément à 4 ou 500 œufs. Au bout de dix à douze jours, de nouveaux petits vers sauvages sortent de ces œufs , et on les distribue sur des branches de *fagara* ou de frêne dont les pieds sont plantés à l'air libre , en séparant les faisceaux de moelle de millet, et en ayant soin de n'en placer, sur les branches de chacun de ces arbres , que le nombre qu'elles pourront nourrir , et relativement à la quantité de feuilles dont elles sont chargées. On a imaginé, pour préserver les chenilles des attaques des oiseaux , qui pourraient en détruire beaucoup , d'arrondir la tête des *fagara* et des frênes sur lesquels les vers sont placés, et de les couvrir d'un filet à mailles assez serrées.

Les vers sauvages subissent quatre mues distantes l'une de l'autre d'environ quatre jours ; lorsqu'ils ont successivement passé ces quatre mues, et atteint tout leur accroissement , leur grosseur est double de celle du ver à soie ordinaire ; et du 19e. au 22e. jour depuis leur naissance, ils commencent à travailler au cocon, au milieu duquel ils s'enferment. Ce cocon a la grosseur d'un petit œuf de poule.

Les vers à soie sauvages qui vivent sur le chêne (et c'est sur l'espèce nommée *quercus œgylops*) sont plus délicats que les deux premières sortes, et ils demandent , par cela même, à être mieux soignés ; ils sont aussi plus tardifs à faire leurs cocons , et ils s'y prennent différemment ; soit pour les former plus facilement, soit pour leur donner plus d'épaisseur et de solidité , au lieu de courber une seule feuille en gondole , ils en rapprochent deux à trois , au milieu desquelles ils s'enferment pour ourdir leur soie , dont ils donnent une plus grande quantité, mais d'une qualité inférieure à celle qu'on obtient des deux premières espèces de vers. Une autre différence , c'est que le papillon qui provient de la chenille du chêne est rougeâtre , et que le cocon dont il sort est aussi de la même couleur : le papillon du *fagara* et celui du frêne sont au contraire d'un vert sombre , et le cocon filé par les chenilles est brun.

Lorsque les vers de ces trois espèces ont terminé leurs cocons, on en fait la récolte en les recueillant sur les arbres où ils sont placés, et on met à part ceux qu'on réserve pour donner des papillons et produire des œufs l'année suivante. Pour garder ces cocons plus commodément, on les enfile légèrement par leur gros bout dans un fil de soie, et on en forme des chapelets, que l'on suspend, pour les conserver, dans un endroit où ils soient à l'abri des vents du nord, de la pluie, du soleil, et cependant au grand air. Quant aux cocons destinés à la filature, on les plonge pendant une heure, renfermés dans des sacs de toile, dans une chaudière de lessive bouillante, afin de dissoudre la gomme ou matière visqueuse qui tient unis les fils soyeux du cocon. Lorsque l'on juge que les cocons ont atteint le degré de ramollissement convenable, ce dont on s'assure en en tirant quelques uns d'un sac, pour voir si les brins de soie se détachent aisément, on les retire de la chaudière en les laissant dans les sacs ; on les soumet à un certain degré de pression pour en faire sortir la lessive, et on les laisse se ressuyer jusqu'au lendemain. Alors on profite du degré de souplesse où ils se trouvent, pour les vider de leur chrysalide, et les retrousser de manière à en former une sorte de bonnet ou de capuchon. Ainsi préparés, ces cocons deviennent faciles à filer, et on les livre aux ouvrières chinoises, qui, après les avoir fait revenir dans un peu d'eau tiède, les coiffent les uns des autres, au nombre de dix à douze, en les ajustant à une quenouille, et, à l'aide de leurs simples fuseaux, elles en tirent un fil délié et uni. Les cocons des vers du chêne peuvent se filer au rouet.

La soie des vers sauvages n'a pas le brillant, la beauté et la finesse de celle de la chenille du mûrier ; elle est bornée à la teinte uniforme que la nature lui a donnée, et ne peut en prendre une autre, au moins les Chinois ne sont pas encore parvenus à la teindre de diverses couleurs ; mais cette infériorité est compensée par quelques avantages : dans les lieux où le climat est favorable aux vers à soie sauvages, leur éducation est facile et peu coûteuse ; la soie qu'on retire de leurs cocons est d'un beau gris de lin, et les étoffes qu'on en fabrique durent le double des autres soieries ; elles ne se coupent point , se lavent comme la toile , et ne sont susceptibles de recevoir aucune tache , pas même celles de l'huile. La soie des vers du *fagara* est la plus belle , et les étoffes qu'on en fait peuvent le disputer aux plus riches satins , et elles se vendent aussi cher. Les étoffes fabriquées avec la soie des vers du frêne sont les secondes en qualité; les vers du chêne donnent les moins estimées.

Telles sont les notions que nous ont données sur les vers à soie de la Chine les missionnaires jésuites qui ont résidé long-temps dans cet empire. M. Huzard père, membre de l'Académie des sciences , possède sur le même sujet un recueil précieux , qu'il a bien voulu me communiquer, de vingt-six dessins faits sur les lieux , représentant les vers sauvages dans leurs divers états, la grosseur des chenilles dans leurs différens âges , celle des cocons , de leurs papillons , etc. Plusieurs dessins représentent aussi le travail des Chinois pour placer leurs chenilles sur les arbres dont elles mangent les feuilles , pour chasser les animaux qui leur sont nuisibles , pour récolter les cocons et pour en retirer la soie. Les explications au bas de chaque dessin sont de la main du P. d'Incarville. Si l'on s'en rapporte à ces dessins , et si les cocons y sont représentés de grandeur naturelle , ceux du *fagara* ne seraient pas plus gros et ils auraient à peu près la même forme que le cocon que file notre grand-paon ; ceux de la chenille du chêne seraient gros comme de petits œufs de poule, et ils diffèrent encore des premiers en ce qu'ils sont arrondis à chaque bout. Il n'est pas question, dans ce recueil, des vers du frêne.

Après avoir lu le mémoire sur les vers à soie sauvages de la Chine, il me vint dans l'idée de rechercher dans les cocons de quelques unes de nos chenilles indigènes une soie analogue à celle qu'on retire de ceux des vers chinois. La chenille du bombice grand-paon m'était connue ; mais cet insecte n'est pas très commun, et j'en fis inutilement la recherche pendant deux à trois ans. Enfin un heureux hasard me mit à même de bien connaître cette chenille , sur les habitudes de laquelle je ne savais que ce qui en est dit dans les livres d'entomologie.

Le 13 mai 1827, je trouvai dans mon jardin un papillon grand-paon femelle, qui, comme la suite me l'apprit, avait été fécondé. Je le plaçai dans une chambre, sur du papier et sous un entonnoir de verre, où, jusqu'au 22 du même mois, il pondit quarante-trois œufs ; le 25, il était mort. Ce papillon avait très probablement pondu la plus grande partie de ses œufs pendant qu'il jouissait encore de sa liberté. Le 7 juin suivant, les œufs me paraissaient encore n'avoir subi aucune altération ; mais le 8 je trouvai vingt-cinq petites chenilles sorties des œufs, elles étaient longues de 2 lignes et demie et d'un brun foncé. Je les mis toutes ensemble dans une boîte ronde qui avait environ 6 pouces de diamètre, un peu moins en profondeur, et je leur donnai pour nourriture des feuilles de prunier. Au lieu de rester réunies sur ces feuilles, comme le ver à soie ordinaire, mes petites chenilles, au bout de quatre à cinq heures, étaient presque toutes sorties de la boîte dans laquelle je les avais mises, et elles erraient çà et là sur les parois extérieures et même sur la table où la boîte était placée. Je jugeai dès lors de la difficulté qu'il y aurait à faire l'éducation de chenilles qui avaient tant d'amour pour la liberté, qu'elles abandonnaient la nourriture qui leur était donnée, pour aller courir, de côté et d'autre, là où il n'y avait rien du tout à manger. Cependant je rassemblai de nouveau mes chenilles dans la boîte, où je leur avais donné beaucoup plus de feuilles que vingt fois leur nombre n'en eût pu manger, et pour vaincre, autant que possible, leur naturel errant, je fermai leur boîte d'un couvercle dont le dessus était fait avec de la gaze, afin que mes petits animaux ne fussent pas privés d'air.

Je crois inutile de rapporter, jour par jour, quelle fut la vie de mes chenilles, il suffira de dire que leur existence, dans cet état, fut de 60 à 68 jours ; que pendant ce temps elles firent successivement quatre mues, et que chaque fois qu'elles changèrent de peau, elles se revêtirent en totalité ou

en partie de c[...]urs différentes. Après la dernière mue
arrivée vers le 45ᵉ. jour, mes chenilles étaient d'une belle
couleur vert-pomme ; chaque anneau de leur corps était
garni de tubercules d'un bleu clair, brillant comme de l'é-
mail, et chaque tubercule était surmonté d'un faisceau de
dix à douze soies assez longues. Pendant tout le temps de
leur vie, les chenilles témoignèrent toujours le même
amour pour l'indépendance : dès que leur boîte restait ouverte
quelques instans, elles cherchaient à en sortir, et elles en
sortaient effectivement lorsque je les laissais faire. Rarement
je les voyais manger, et même lorsqu'elles eurent acquis une
grosseur assez considérable, il ne leur fallut jamais beaucoup de feuilles. Je leur en donnais dans le commencement
deux fois par jour ; quand elles furent plus grosses, je renou-
velais leur provision trois fois, et quatre fois pendant leur
dernier âge, et il m'arrivait souvent, lorsque je leur donnais
de nouvelles feuilles, de trouver celles du repas précédent
fanées sans avoir été entamées. Enfin je ne pus jamais bien
comprendre comment des chenilles qui avaient acquis, vers
la fin de leur existence, 3 pouces et demi de longueur, et
pesaient environ 3 gros, avaient pu vivre et grossir en man-
geant si peu. Je ne crois pas me tromper en disant qu'un
ver à soie, qui cependant parvient à peine à moitié de ces
dimensions, du moins quant à la pesanteur, mange cependant deux à trois fois davantage.

Des 25 chenilles qui m'étaient écloses, six seulement firent
leur cocon, et encore une d'elles ne le termina pas ; toutes
les autres moururent plus tôt ou plus tard ; ce qui me fit
juger de l'influence fâcheuse que la domesticité avait eue
sur mes chenilles. Je pus encore m'assurer combien la réclu-
sion avait produit un mauvais effet sur elles, en les comparant, parvenues à la période la plus élevée de leur vie, à deux
autres chenilles de la même espèce, qu'un hasard heureux
me fit trouver dans mon jardin à cette époque ; ces dernières
étaient, à ce qu'il paraît, à leur état de maturité, puisque,
placées dans mon cabinet et mises sur des feuilles de prunier,

arbre sur lequel je les avais recueillies, elles ne voulurent point manger, et se mirent, deux jours après, à filer leur cocon. Ces chenilles, au moment où je les trouvai, avaient 4 pouces de longueur, et leur poids était de 4 gros; les cocons qu'elles firent pesaient, étant terminés et huit jours après avoir été commencés, l'un 110 et l'autre 114 grains. Mes plus grosses chenilles, au contraire, nourries en domesticité, ne parvinrent dans leur *maximum* qu'à 3 pouces 4 à 5 lignes de longueur, et à 2 gros 58 à 64 grains; et leurs cocons ne furent que du poids de 70 à 88 grains.

Je suis porté à croire que l'influence de la domesticité dont j'ai parlé plus haut ne s'est pas fait sentir sur la durée de la vie des chenilles à leur état de larve; car il me paraît très probable que les deux chenilles trouvées en dernier lieu étaient du même âge que celles que j'avais élevées dans mon cabinet, et qu'elles étaient provenues du même papillon que j'avais trouvé trois mois auparavant, et d'œufs qu'il avait pondus pendant qu'il était encore en liberté, et qui avaient sans doute été plus nombreux que ceux que je me procurai en le gardant renfermé; il passe pour constant que les femelles de ces espèces de papillons pondent quatre à cinq cents œufs.

Mon intention était de recommencer, l'année suivante, une nouvelle éducation; mais, par un hasard singulier et assez malheureux, de sept cocons parfaits que j'avais obtenus, y compris ceux des deux chenilles qui avaient vécu en liberté jusqu'au moment de filer, il ne sortit, au mois de mai 1828, que deux papillons mâles, et au mois de mai de l'année suivante que trois femelles : les chrysalides moururent dans les deux autres sans avoir opéré leur transformation. Par ce contre-temps fâcheux, je n'eus point de femelles à donner à mes mâles en 1828, et je fus privé, en 1829, de mâles pour féconder mes femelles; je ne pensai que trop tard à exposer celles-ci dans un jardin à l'air libre, mais retenues par une aile, comme font les Chinois; les papillons mâles de la même espèce, s'il s'y en fût trouvé, les auraient probablement fécondées pendant la nuit. Faute d'avoir pensé à cela assez tôt, mes trois femelles ne pondirent que des œufs stériles , dont il ne sortit rien , et je fus privé de pouvoir continuer mes expériences.

J'avais formé le projet, si j'avais pu avoir de nouvelles chenilles de cette espèce , de les distribuer deux à trois jours après leur naissance, sur un nombre suffisant d'arbres où elles auraient vécu en liberté, et j'espérais , en les rendant à leurs inclinations naturelles , pouvoir en élever une plus grande quantité , les conserver en meilleur état de santé et enfin les voir prospérer de toutes les manières.

Quoi qu'il en soit , je crois avoir assez observé la chenille du grand-paon, pour indiquer les soins qu'elle exige , afin de lui faire produire son cocon , si on parvenait jamais à retirer de celui-ci un fil soyeux, qui pût être employé avec avantage à fabriquer des tissus d'une nature quelconque, enfin à en tirer un produit qui pût devenir utile et faire une nouvelle branche de commerce.

C'est aussi sous ce point de vue que je vais considérer trois autres espèces de cocons qui m'ont été envoyées des États-Unis par M. le docteur Félix Pascalis, qui exerce avec distinction la médecine à New-York, et qui a publié un très bon traité sur la culture du mûrier et sur l'éducation des vers à soie dans l'Amérique du nord.

La première espèce de ces cocons paraît, par sa forme, sa grosseur, sa consistance et sa couleur, appartenir à un papillon très voisin de notre bombice grand-paon. Ce cocon est pyriforme comme celui de ce dernier, mais un peu plus alongé, cotonneux extérieurement , et parfaitement lisse et poli à l'intérieur ; le duvet extérieur adhère fortement à la partie qui forme la coque proprement dite, et qui a une consistance cartilagineuse ou celle d'un fort parchemin ; sa couleur est fauve ; la partie en entonnoir, par laquelle le papillon doit sortir, est formée de fils lâches , comme ceux de l'ouverture étroite que le grand-paon se réserve à la pointe de son cocon.

Je n'ai aucun renseignement sur l'espèce de papillon que

peut produire ce cocon, et les recherches que j'ai faites à ce sujet dans le bel ouvrage des *Lépidoptères de Géorgie*, par *Abbot* et *Smith*, ne m'ont rien appris de positif : ce pourrait aussi bien être le *Phalæna imperatoria*, tab. 35 (*Bombyx imperialis*, de Fabricius), comme le *Phalæna regia*, tab. 61 (*Bombyx regalis*, de Fabricius). Son papillon devant être à peu près de la grandeur de notre grand-paon, puisque le cocon a le même volume ou même est un peu plus gros, il se pourrait bien encore que ce fût le *Phalæna cecropia*, tab. 45, ou le *Phalæna polyphemus*, tab. 47.

Les deux autres sortes de cocons sont au moins d'une grosseur double de celle dont il vient d'être question ; elles se ressemblent beaucoup à l'extérieur, mais elles présentent dans leur partie interne des différences qui ne permettent pas de croire qu'elles appartiennent à la même espèce. Les papillons qui en seraient sortis eussent été très probablement des *bombyx*, et ils eussent dû être deux à trois fois plus grands que notre grand-paon, si on en juge d'après le volume des cocons, et j'estime que ces papillons ne devraient pas être loin d'avoir la taille de l'espèce que Linnée a nommée *Phalæna atlas*, et Fabricius, *Bombyx atlas*, espèce qui appartient à la Chine.

Le premier de ces deux autres cocons diffère beaucoup du cocon n°. 1, qui vient d'être décrit ; il est au moins une fois plus gros, étant à peu près du volume d'un œuf de dinde, et ayant, dans l'état de compression où je l'ai reçu, 3 pouces 8 lignes de hauteur, sur 2 pouces de largeur dans son plus grand diamètre. Sa forme est plutôt ovoïde qu'en poire ; le bout dans lequel les fils sont restés lâches pour la sortie du papillon est seulement un peu plus pointu que le côté opposé, qui est bien arrondi. Le cocon a, en général, peu de consistance ; il est comme membraneux, plutôt lisse que cotonneux extérieurement. La partie intérieure est formée de fils appliqués très lâchement et écartés les uns des autres de manière à représenter une sorte de laine. La couleur du tissu extérieur est d'un fauve très clair, entremêlé

de fils plus foncés ; celle des fils intérieurs est d'une teinte un
peu plus forte que celle du tissu extérieur. J'ai reçu de cette
espèce deux cocons absolument semblables, et chacun du
poids de 18 grains, moins la chrysalide. Ils m'ont été envoyés comme ayant été trouvés, dans l'Etat de l'Ohio, sur une
espèce de cerisier sauvage ; ce qui a engagé M. Pascalis à
désigner l'insecte qui produit ces cocons sous le nom de Bombice du cerisier (*Bombyx cerasi*) ; mais dans une lettre pos-
térieure, et en me faisant dernièrement l'envoi de trois nouveaux cocons que j'ai reconnus pour devoir appartenir à une
espèce distincte, M. Pascalis me marque qu'il craint d'avoir
été trompé relativement au nom de l'arbre sur lequel les
deux cocons que je viens de décrire en dernier lieu auraient
été trouvés ; par conséquent, le nom de bombice du cerisier
n'est donné ici que pour mémoire à l'insecte de la seconde
sorte de cocons des États-Unis, et comme nous avons déjà
en Europe un *Bombyx cerasi*, il faudra, dans tous les cas,
donner un autre nom à celui d'Amérique.

La troisième sorte de cocons que j'ai reçue de M. Pascalis,
dans les premiers jours de cette année, ressemble beaucoup,
par ses caractères extérieurs, à ceux de la seconde espèce :
c'est la même grosseur, presque la même couleur, si ce n'est
que le fauve est plus rougeâtre ; mais ce qui me paraît former
un caractère différentiel très prononcé entre les deux espèces,
c'est que, dans la troisième sorte, le cocon est composé de
deux coques bien distinctes, l'une extérieure, comme dans
les deux précédens, et l'autre intérieure, forte, dure et cartilagineuse prise dans son ensemble, et lisse et polie sur sa paroi interne. Cette seconde coque est séparée de la première par
un duvet laineux formé de plusieurs couches de fils lâches.
Chacune de ces coques est, de même que dans les cocons du
grand-paon et des deux espèces précédentes, conformée de
la même manière par le bout pointu qui doit servir de sortie
à l'insecte parfait ou papillon ; les fils y sont disposés en entonnoir, et d'une manière assez rapprochée pour mettre la
chrysalide à l'abri soit de la pluie, soit de ses ennemis exté-

rieurs, mais assez lâches cependant pour permettre l'introduction de l'air nécessaire à la vie de l'insecte. La tête de la
chrysalide est toujours tournée vers cette partie conformée
en entonnoir, et lorsque le papillon a accompli sa métamor-
phose, il n'a qu'à humecter la pointe de l'entonnoir avec une
liqueur qu'il dégorge par la bouche, pour se donner les
moyens d'en écarter facilement les fils, et se procurer la libre
sortie de l'espèce de prison dans laquelle il a passé neuf à dix
mois, et quelquefois même beaucoup davantage. Lorsque le
papillon a franchi la porte de son cocon, les fils ne tardent
pas à se sécher, à reprendre leur raideur ; il devient aussi
difficile d'y introduire la moindre chose que lorsque le cocon
était habité, et ce n'est qu'à la légèreté de son poids qu'on
peut distinguer qu'il a cessé de l'être. Il en est de même
dans les autres espèces, depuis le Bombice grand-paon, dont
il a été question ci-dessus.

La chenille qui produit les cocons à double coque vit sur
une espèce de mûrier qui croît sauvage dans les forêts de
l'Amérique septentrionale, et que j'ai reconnue, d'après les
feuilles que M. Pascalis m'a communiquées, pour être le
mûrier du Canada (*morus canadensis*), ou au moins une espèce très voisine. J'ai reçu de cette espèce trois cocons qui
ont été recueillis sur le même arbre dans les environs de la
ville de Cincinnati, état de l'Ohio. Le plus lourd de ces cocons
pesait, vide de sa chrysalide, 22 grains, et le plus léger 17.
Je n'ai eu jusqu'à présent aucun renseignement sur la grosseur des chenilles et sur celle des papillons : j'ai déjà dit que
ces derniers, à en juger d'après le volume des cocons, doivent
être deux à trois fois plus grands que notre grand-paon.

Si l'on se contentait de récolter dans les bois ou dans les
campagnes les quatre espèces de cocons dont je viens de
parler, je ne crois pas qu'il fût jamais possible d'en retirer
un grand profit, et que cela valût la peine d'en essayer l'emploi pour fabriquer des étoffes ; mais rien ne sera si facile,
ce me semble, que d'augmenter le produit de ces cocons
dans la proportion nécessaire pour satisfaire aux besoins du

commerce et à la fabrication des étoffes auxquelles leur soie se trouvera être propre. On devra s'assurer quels sont les arbres dont chaque espèce de chenille mange les feuilles, et lorsqu'on en sera bien certain, on plantera de ces arbres de manière à les disposer par la suite en haies ou en taillis, qui sont les deux genres de culture les plus convenables pour y élever facilement ces espèces de chenilles. Pour celles des trois cocons d'Amérique dont il vient d'être question, cela pourra se faire d'abord très facilement dans les parties des États-Unis où ces insectes sont indigènes, ensuite en France et dans tous les pays de l'Europe où le climat ressemblera à celui de la contrée de ces états où les chenilles vivent maintenant à l'état sauvage.

On peut, dès à présent, je crois, d'après mes premiers essais, chercher à faire des éducations de la chenille du grand-paon, pour retirer la bourre soyeuse que fournit son cocon, et chercher à l'employer dans la fabrication de tissus qui ne peuvent manquer de présenter une application utile. Cette chenille vit, en général, sur les arbres fruitiers de nos jardins, comme les pruniers, les abricotiers, les pommiers et les poiriers ; on la trouve aussi, dit-on, sur le coudrier, le saule, l'orme, les rosiers et les ronces, de sorte que, loin de craindre pour elle de manquer de nourriture, ou en trouve partout une très abondante et très variée.

La nourriture de la chenille du cocon d'Amérique, le premier décrit, n'est pas encore connue ; mais d'après les renseignemens que j'ai demandés à M. le docteur Pascalis, elle ne peut tarder à l'être.

C'est sur un cerisier sauvage, dans les forêts de l'Ohio, m'écrivait, il y a un an, le même correspondant, que les cocons de la seconde espèce américaine ont été trouvés, et cela rend l'alimentation de la chenille des plus faciles en France, puisqu'il est extrêmement probable que le mérisier, le mahaleb et les différentes variétés du cerisier cultivé pourront fournir une nourriture abondante à cet insecte.

La dernière espèce, celle du cocon à double coque, se

nourrit d'un mûrier qui n'est pas rare dans nos pépinières, et qu'il est facile de multiplier davantage. Il est d'ailleurs permis de croire que le mûrier rouge, espèce très voisine, pourrait, au besoin, fournir un supplément de nourriture à cette chenille, et même qu'on pourrait aussi employer à son alimentation le mûrier multicaule, qui, de toutes les espèces de mûriers, se multiplie avec le plus de facilité.

Tous les cocons de ces différens vers sauvages, étant toujours percés par un bout, ne peuvent être filés à la manière de ceux du ver à soie domestique, et, comme les fils dont ils sont composés sont d'ailleurs collés ensemble dans le cocon par une matière qui paraît être d'une nature gommo-résineuse, ils ont besoin, avant d'être travaillés, d'être soumis pendant quelque temps à l'ébullition dans une lessive de cendres de bois, ou dans de l'eau aiguisée d'une certaine quantité de potasse. Après cela, ils sont susceptibles de donner une sorte de filoselle très douce, très moelleuse et qui, après avoir été cardée, sera propre à être convertie en fils dont la nature pourra varier dans les espèces, et qui pourront être employés à la fabrication de diverses étoffes.

Ainsi donc, il sera très incessamment possible de fournir à nos manufactures un nouvel aliment, si l'on veut s'occuper de l'éducation des différentes chenilles sur lesquelles je viens de donner tous les documens que j'ai pu me procurer. La race des chenilles du *fagara*, celle du frêne et celle du chêne seront peut-être les plus difficiles à transporter dans nos climats, à cause de la longueur du voyage de la Chine, et de la difficulté des communications avec cet empire ; mais je crois qu'il sera facile de se procurer les chenilles des trois espèces de cocons d'Amérique, ce qui, avec notre grand-paon, fera quatre nouvelles espèces de vers à soie dont l'éducation pourra occuper les amis d'une nouvelle industrie. Les insectes de ces espèces ayant probablement les mêmes habitudes que notre grand-paon et les vers sauvages de la Chine (c'est à dire que les chrysalides passent plusieurs mois dans leurs cocons, et que le papillon en sort au printemps pour pondre

des œufs qui éclosent dans l'espace de quinze à vingt jours),
il serait impossible de faire traverser la mer à ces œufs,
parce que la durée des voyages d'Amérique, quelque courte
qu'elle soit, est toujours d'un mois au moins. Il faudra donc,
pour multiplier ces espèces en Europe, y transporter leurs
chrysalides vivantes, et prendre de préférence, pour leur
faire faire le voyage, le temps le plus rapproché de celui où
la chenille aura fait son cocon, afin d'être plus certain de les
rendre en France avant la mauvaise saison, et assez long-
temps avant le développement du papillon.

Quel est le moyen de transporter les chrysalides à travers
les mers? Doit-on les laisser dans leurs cocons ou les en retirer? N'est-il pas à craindre, en laissant les chrysalides
dans les cocons, que les mouvemens du vaisseau, souvent
trop violens, n'aient une influence fâcheuse sur l'existence
future du papillon, par les chocs trop réitérés que la chrysalide pourrait éprouver contre les parois, assez dures, des
cocons n°. 1 et n°. 3? Je conseille donc, pour prévenir cet
inconvénient, de tirer les chrysalides hors de leurs cocons,
pour les placer dans de petites boîtes remplies de son bien
sec, et qu'on recouvrira d'une toile d'un tissu lâche, ou
d'un canevas, afin de ne pas intercepter le passage de l'air.
On peut d'ailleurs essayer le transport de l'une et de l'autre
manière. Si les papillons sortaient au contraire de leur cocon
une vingtaine de jours après l'avoir fait, ainsi que le ver à
soie ordinaire, et pondaient de même leurs œufs peu
après, il deviendrait bien plus facile de transporter ces œufs
partout où l'on voudrait. Je conseille, dans ce cas, de les
renfermer, pour le temps du voyage, dans de petits bocaux
exactement lutés, pour les préserver de l'humidité de la
mer, qui pourrait leur être nuisible. J'ai fait passer ainsi des
œufs de vers à soie en Amérique, qui y sont arrivés en bon
état. Mais, je le répète, je crois plutôt que le papillon des
espèces dont il est question, passe plusieurs mois et l'hiver
entier dans son cocon, pour n'en sortir qu'au printemps.

Les chenilles provenant de ces chrysalides étrangères de-

vront être élevées de la même manière que font les Chinois
pour celles qu'ils nomment *vers à soie sauvages,* c'est à dire
qu'aussitôt qu'elles seront nées ou peu après, il faudra les
placer sur les espèces d'arbres dont les feuilles sont propres à
leur nourriture, et les y laisser en liberté jusqu'à ce qu'elles
aient terminé leurs cocons. Alors on fera la récolte de ceux-
ci, parmi lesquels on choisira ce qu'on voudra conserver pour
graine, et il faudra toujours en garder plutôt plus que
moins, puisque les cocons qui auront servi pour avoir des
papillons ne perdront rien de leurs qualités ; ce qui n'est pas
de même dans le cocon du ver à soie, qui, percé par le papillon, perd beaucoup de sa valeur.

Le moyen employé par les Chinois pour faire pondre les
papillons femelles de leurs vers à soie sauvages me paraît susceptible d'être modifié avec avantage : je crois qu'il serait possible de faire pondre les femelles, retenues dans une chambre,
sur des morceaux de drap ou de quelqu'autre étoffe, après
les avoir exposées seulement pendant une nuit ou deux pour
être fécondées par les mâles ; peut-être même qu'il serait encore mieux de retenir les mâles (si toutefois ceux-ci n'avaient
pas trop d'amour pour la liberté), et de les accoupler avec
les femelles dans une chambre obscure, ainsi qu'on fait pour
les vers à soie ; et comme il est permis de croire que, de
même que pour cet autre insecte, un accouplement pendant
six à huit heures serait suffisant pour féconder les femelles,
alors chaque mâle pourrait, si cela devenait nécessaire, être
employé à la fécondation de plusieurs femelles.

La conservation des œufs ne paraît demander aucun soin
particulier, puisque, dans ces espèces de bombices, les œufs
éclosent presque toujours quinze à vingt jours après la
ponte ; c'est seulement de la conservation des cocons qu'il
est nécessaire de s'occuper, puisque les chrysalides y restent
renfermées pendant neuf à dix mois. La manière de faire
des Chinois, pour garder les cocons destinés à la propagation
des espèces de vers à soie sauvages auxquels ils donnent des

soins, me paraît d'ailleurs bonne, et je n'y vois rien à changer.

Huit à dix jours après que la ponte aura été terminée, il faudra surveiller tous les jours les œufs, afin d'être à même de donner les soins convenables aux chenilles au moment de leur éclosion. Lorsqu'elles sortiront de leurs coquilles, on devra avoir de petits rameaux chargés de feuilles de l'arbre dont elles se nourrissent, afin de les y placer dans les premiers instans, et à mesure qu'on en aura une certaine quantité, on portera ces rameaux, garnis de leurs petites chenilles, sur le terrain où seront plantés des arbres de même espèce, soit en haies, soit en taillis, et on attachera sur chaque pied les petits rameaux chargés de leurs vers, et en les distribuant dans la proportion qu'on estimera que les arbres pourront en nourrir.

Après cette distribution des chenilles sur les arbres, il ne reste presque plus rien à faire jusqu'à la récolte des cocons ; seulement, si elles ont été placées sur des haies, il sera bon de couvrir plus ou moins exactement ces dernières avec des filets à mailles assez serrées pour empêcher les oiseaux de faire leur proie des chenilles. Si celles-ci ont été mises sur des arbres disposés en taillis, il suffira que cette espèce de bois soit coupé de sentiers assez rapprochés, et qu'un enfant ou deux y circulent continuellement en battant du tambour pour effrayer les oiseaux et les empêcher d'approcher. Un autre moyen, peut-être aussi certain pour produire le même effet, consiste à disposer de distance en distance des épouvantails de différentes formes, et surtout de ces moulins à claquettes qui sont sans cesse en mouvement et qui, par leur agitation continuelle et le bruit qu'ils font, doivent contribuer à écarter les oiseaux. Enfin, si ces moyens n'é-taient pas suffisans, il faudrait faire comme les Chinois, écarter et tuer les ennemis à coups de fusil.

J'avais terminé ce travail, et il était en grande partie imprimé, lorsque j'eus connaissance de cocons extraordinaires rapportés du Bengale par M. Lamarepicquot, qui a voyagé pendant sept années dans cette contrée, où il a rassemblé une belle et curieuse collection formée d'une grande variété de produits d'histoire naturelle, et d'une multitude d'objets ayant rapport aux usages civils et religieux des Indiens. M. Lamarepicquot ayant bien voulu me donner quelques uns de ses cocons, et me permettre d'en faire la description, j'ai cru que mon travail sur les vers à soie sauvages présenterait encore plus d'intérêt, si j'y ajoutais tout ce qui pouvait avoir rapport à ces cocons vraiment extraordinaires. Chacun d'eux est de la grosseur et de la forme d'un petit œuf de poule, également arrondi à chaque bout, et ayant 21 à 22 lignes de hauteur sur 14 d'épaisseur. La couleur en est d'un gris roussâtre, la consistance ferme et même un peu dure, d'un tissu épais et serré. L'intérieur est parfaitement lisse, poli, et presque aussi dur que la paroi interne d'un noyau d'abricot ou de prune. Ce que ce cocon présente de plus singulier, je dirai même de plus merveilleux, c'est qu'il est porté sur un pédicule plus ou moins cylindrique, d'environ une ligne d'épaisseur, de la longueur de 20 à 24 lignes, et toujours un peu courbé dans sa partie inférieure. Ce pédicule est noirâtre, formé de beaucoup de fils grossiers, agglutinés ensemble par une matière gommo-résineuse ; sa base forme un anneau parfait, dont l'ouverture a 3 à 4 lignes de largeur, et c'est par cet anneau, dont la branche circulaire est à peu près aussi grosse que le pédicule lui-même, que celui-ci se trouve fixé et soutenu, en entourant exactement et circulairement par cette base une petite branche ou rameau de l'arbre sur lequel la chenille a vécu jusqu'au moment de faire son cocon. Le sommet de ce pédicule se termine sur un des bouts du cocon par une expansion de fils qui embrassent, en s'écartant dans tous les sens, toute la forme du cocon, comme une sorte de réseau ; et ce réseau, qui est fait le premier par la chenille, probablement en même temps que le pédicule , lui sert ensuite de moule dans lequel elle finit par ourdir le cocon lui même. Ce réseau, d'un fil plus grossier et noirâtre, est étroitement adhérent à la surface du cocon , et n'y forme pas une sorte de bourre plus ou moins lâche, comme dans celui du ver à soie.

Ces cocons paraissent très riches en soie, car la plus grande partie de leur substance est formée de cette matière. Le plus léger des trois qui m'ont été donnés par M. Lamarepicquot pesait, vide de sa chrysalide, 64 grains et demi, et 48 grains après en avoir détaché le pédicule et retiré les débris de la peau dont la chenille se dépouille avant de se changer en chrysalide, enfin ceux que cette dernière laisse dans le cocon lorsque la transformation en papillon a lieu. Les deux autres étaient encore plus pesans , puisque le poids de l'un, au lieu de 64 grains et demi, était de 68 grains, et celui du troisième, de 70. Les plus beaux cocons du ver à soie ordinaire ne pèsent guère, dans le même état de vacuité, que 8 à 9 grains.

C'est par le bout près duquel le pédicule a son insertion sur le cocon, que l'insecte parfait ou le papillon s'ouvre un passage arrondi, large de 6 à 7 lignes, lequel reste béant après sa sortie, comme après celle du papillon du ver à soie.

Le docteur William Roxburgh, dans un mémoire (*Account of the Tusseh and Arrindy silk-worms of Bengal*) publié dans le septième volume des *Transactions de la Société linnéenne de Londres*, page 133 et suivantes, nous apprend que lorsque ce papillon est prêt à sortir, il décharge par la bouche une grande quantité de liquide, par le moyen duquel la partie du cocon par laquelle il doit opérer sa sortie, se trouve si parfaitement ramollie, qu'elle lui permet de se frayer en assez peu de temps un chemin au dehors ; et c'est toujours la nuit, d'après M. Lamarepicquot, que ce papillon vient au monde.

On trouve, selon le docteur Roxburgh, ces cocons en telle abondance dans plusieurs parties du Bengale et des provinces voisines, que, depuis un temps immémorial, ils fournissent aux naturels du pays une provision abondante de cette espèce de soie avec laquelle ils font un tissu particulier nommé *tussch-doothies*, qui est très employé comme vêtement par les brames et les sectes indiennes.

Tavernier paraît être le premier Européen qui ait parlé de cette espèce de soie. Voici ce qu'on trouve à ce sujet dans le 2.⁰. vol. de ses *Voyages en Perse et aux Indes*, p. 429, édition de Paris, 1676 : « Il y a dans le royaume d'Asem une autre espèce de soie qui croît sur les arbres et qui est faite par un animal qui a la forme de nos vers à soie, mais qui est plus rond, et qui demeure toute l'année sur l'arbre. » Un passage du troisième volume se rapporte encore bien probablement à cette espèce de soie.

Depuis, Linné nomma le papillon *Phalæna paphia*, et Fabricius, après lui, le plaça dans son genre *Bombyx*, aujourd'hui adopté par tous les naturalistes, et il lui donna le nom de *Bombyx mylitta*. Cet insecte est figuré dans le bel ouvrage de Cramer sur les papillons exotiques, pl. 146, 147 et 148; mais jusque-là on ne savait encore presque rien sur la manière de vivre de la chenille et sur la forme singulière du cocon qu'elle file. Le docteur Roxburgh, dans le mémoire déjà cité, qui fut publié en 1804, fit connaître à ce sujet presque tout ce qu'on désirait de savoir, et il donna en même temps (pl. 2 ; page 48) la figure du cocon et de la chenille qui le fait. C'est du mémoire de ce naturaliste que je vais extraire ce qui me paraît le plus essentiel à faire connaître sur le *Phalæna paphia*.

La chenille vit également des feuilles du *Rhamnus jujuba* et d'une espèce de badamier nommée *Terminalia alata glabra*; elle a, lorsqu'elle sort de l'œuf, 3 lignes de longueur, et quand elle est parvenue à toute sa croissance, elle acquiert 4 pouces de long sur 3 de circonférence. Sa couleur générale est d'un beau vert, avec une bande de 2 lignes de largeur, moitié rouge et moitié jaune, et qui s'étend dans au moins les trois quarts de la longueur du corps, dont le dos est chargé de plusieurs tubercules de la même couleur et surmontés de poils ou soies de 5 à 6 lignes de longueur.

Les chenilles parviennent à toute leur croissance dans l'espace de six semaines. Lorsqu'elles sont sur le point de filer leur cocon, chacune d'elles rapproche d'une manière particulière, par le moyen de filamens glutineux, analogues à ceux qui revêtent le dehors du cocon, deux à trois feuilles pour s'en faire une enveloppe extérieure, qui leur sert en même temps de point d'appui pour filer le cocon complet. J'ai déjà parlé du pédicule terminé à sa base par un anneau que la chenille forme de fils particuliers d'une grande solidité, et qui se trouve enfilé d'une manière merveilleuse par la petite branche sur laquelle il s'appuie, ce qui donne au cocon l'apparence d'un fruit appartenant à l'arbre sur lequel il est porté. La chrysalide passe dans son cocon au moins neuf mois, savoir, d'octobre en juillet.

Les papillons ne vivent dans ce dernier état que six à douze jours, ne prenant aucune nourriture, et occupés seulement à s'accoupler et à pondre. La femelle dépose ses œufs sur les branches de l'arbre où elle a vécu à l'état de larve, et elle les y attache au moyen d'une matière visqueuse particulière; ils y éclosent au bout de vingt à vingt-cinq jours.

Cette espèce de chenille n'a pas encore été soumise à la domesticité, et en faisant attention aux formes extraordinaires du cocon, on restera convaincu qu'il est de toute impossibilité de changer ses habitudes sauvages ; mais dans une variété à laquelle on donne le nom de vers *jarroo*, les Indiens conservent des cocons femelles faciles à reconnaître par leur grosseur plus considérable, afin de se procurer de la graine : pour cela ils suspendent leurs cocons sur les arbres convenables, et lorsque les papillons en sortent, les femelles, qui ont un très gros abdomen rempli d'œufs, ne peuvent voler et restent sur les branches où leurs cocons ont été placés, et elles y font leur ponte après avoir été fécondées par des papillons sauvages qui viennent souvent de fort loin pour s'accoupler avec elles.

Quant aux vers *tusseh*, pour lesquels on n'a pas employé le moyen qui vient d'être dit, afin d'avoir des œufs sur les arbres placés près des habitations, les Indiens vont à leur recherche dans les bois, et lorsqu'ils en ont trouvé, ils coupent les branches qui en sont garnies pour les transporter et les fixer sur d'autres arbres dans des places convenables, près de leurs maisons. Lorsque ces petites chenilles sont nées, les Indiens les surveillent jour et nuit jusqu'au temps où elles ont fait leurs cocons, afin de les préserver des corneilles et autres oiseaux pendant le jour, et des chauves-souris pendant la nuit. Quoique les chenilles, à l'état entièrement sauvage, vivent le plus souvent sur les feuilles du *Rhamnus jujuba*, les Indiens préfèrent] en général les placer sur le *Terminalia* ou badamier.

Les cocons qui renferment les papillons femelles se reconnaissent facilement à ce qu'ils sont toujours plus gros et plus pesans que ceux qui contiennent des mâles. Pour les dévider, quels qu'ils soient, les Indiens les font bouillir pendant deux heures dans une lessive de cendres, afin de les dépouiller de la substance gommo-résineuse dont sont enduits les fils, principalement les extérieurs. Lorsqu'ils sont convenablement amollis, on les dévide en joignant ordinairement les fils de quatre à cinq cocons ensemble. La soie qu'on en obtient est plus grosse et bien plus forte que celle retirée d'un pareil nombre de cocons de notre ver à soie ordinaire. L'échantillon de cette soie, que M. Lamarepicquot m'a montré, était d'un jaune un peu roussâtre, et il m'a paru être d'un fil presque aussi lustré et aussi brillant que celui de la chenille du mûrier. Les étoffes fabriquées avec cette soie sont d'une durée peu commune, et sous ce rapport elles l'emportent peut-être sur tous les autres tissus analogues.

Quoique les détails que je viens de donner, et qui sont presque littéralement traduits du mémoire du docteur Roxburgh, soient déjà assez longs, je crois cependant, à cause de l'intérêt que me paraît présenter le cocon de cette espèce de bombice, tant sous le rapport de l'histoire naturelle que sous celui des avantages que l'industrie manufacturière en tirera tôt ou tard, lorsque l'insecte et ses produits seront plus multipliés ; je crois, dis-je, pour compléter l'histoire de cet

admirable insecte, devoir ajouter encore quelques renseignemens qui m'ont été communiqués par M. Lamarepicquot lui-
même ou que j'ai tirés du mémoire qu'il a présenté à l'Académie royale des sciences, et qui est imprimé par extrait dans
le cahier de mai 1831 du *Bulletin des sciences agricoles et
économiques,* dirigé par M. le baron de Férussac.

M. Lamarepicquot n'est pas d'accord avec le docteur Roxburgh sur l'époque à laquelle le papillon de ce bombice sort
de son cocon. Selon le naturaliste anglais, la chenille cons-
truirait sa coque au mois d'octobre, et l'insecte parfait n'en
sortirait qu'au mois de juillet de l'année suivante. Il est au
contraire certain que des cocons de cette espèce rapportés par
le voyageur français à son retour en France, dans les premiers jours de mars 1830, et envoyés par lui au Muséum d'histoire naturelle, dans la serre chaude duquel ils ont été placés,
y ont éclos vers le milieu du printemps. Malheureusement
sur seize cocons il n'y en eut que trois qui donnèrent naissance à des papillons, lesquels vinrent au monde à sept ou
huit jours d'intervalle les uns des autres : les chrysalides de
tous les autres moururent sans se transformer. Cependant
M. Lamarepicquot s'était assuré à Bordeaux, avant de faire
l'envoi de ses cocons, que toutes les chrysalides en étaient
vivantes ; et comme on n'était encore que dans les premiers
jours de mars, et qu'une gelée assez forte se fit alors sentir
dans cette partie de la France, il attribue leur défaut de développement à l'état parfait, au froid qu'elles éprouvèrent
dans le chemin, quoiqu'il eût pris la précaution de garnir,
intérieurement et extérieurement, d'une étoffe de laine la
boîte qui les contenait. Ne pourrait-on pas croire aussi que
le mouvement continuel de la malle-poste, voiture employée
au transport, a pu tuer plusieurs de ces chrysalides qui, par
cette voie, ont eu à supporter des chocs peu considérables,
sans doute, mais réitérés et continuels, pendant une route
de 150 lieues. Les papillons sortis des cocons n'ayant été
qu'au nombre de trois, et tous s'étant trouvés femelles, ces
dernières n'ont pu être fécondées, et elles n'ont pondu que

des œufs clairs, par lesquels il y a eu impossibilité de propa-
ger l'espèce, ce qui est beaucoup à regretter. Les chrysalides avaient d'ailleurs beaucoup mieux supporté le voyage
par mer du Bengale en France, voyage qui cependant fut
très prolongé par des relâches fort longues aux îles de Bourbon et de France, et au cap de Bonne-Espérance.

On vient de voir que l'époque de la sortie des papillons
n'était pas toujours la même, comme le croyait Roxburgh ;
mais elle varie encore plus qu'on ne pourrait penser d'après
ce qui a été dit sur ceux qui sont nés au Jardin des Plantes
de Paris. Voici une nouvelle note sur ce sujet, qui vient de
m'être communiquée par M. Lamarepicquot : « Quant à l'é-
» poque de l'éclosion des papillons du *Phalæna paphia* au
» Bengale, j'ai été à même de voir, dans le pays même, qu'il
» n'y a pas d'époque fixe pour ce changement d'état ; ayant
» eu chez moi une assez grande quantité de ces cocons, des
» papillons en sont sortis pendant quatre mois, d'avril en
» juillet, et même en août. D'ailleurs, pendant la durée de
» mon voyage, qui a été de onze mois, il en est éclos en mer,
» depuis le mois d'avril 1829 (époque de mon départ de
» Calcutta) jusqu'à mon arrivée en France, à la fin de février
» 1830 , et enfin jusqu'en mars et avril dans la serre chaude
» du Muséum d'histoire naturelle. » D'après ces dernières
observations de M. Lamarepicquot, il paraîtrait même que
les chrysalides du *Phalæna paphia* restent assez souvent dix-
huit à vingt mois dans leur cocon avant d'en sortir à l'état de
papillon ; c'est ce qui arrive aussi à notre Bombice grand-
paon et probablement à d'autres bombices.

L'accouplement du mâle et de la femelle de cette espèce
dure douze à quinze heures, selon M. Lamarepicquot, et le
minimum du nombre des œufs pondus par une seule femelle est
de cinq cents, le *maximum* de sept cents. Le nombre des mâles
d'une génération n'est que le cinquième de celui des femelles;
aussi le même papillon mâle peut-il féconder plusieurs femelles. Les mâles sont très agiles et font de longs voyages,
tandis que les femelles, à raison de leur abdomen volumi-

neux et rempli d'œufs, sont lourdes et volent peu ; Roxburgh, ainsi que je l'ai rapporté plus haut, dit même, en
parlant de la variété des vers *jarroo*, qu'elles ne s'écartent
pas des arbres sur lesquels on a placé leurs cocons ; mais le
sentiment du voyageur français paraît plus vraisemblable.

M. Lamarepicquot soupçonne que quelques uns de nos
arbres indigènes ou cultivés pourraient bien, pour la nourriture de cette espèce de chenille, remplacer le *Terminalia
alata* et le *Rhamnus jujuba* ; effectivement, il est permis
d'espérer que, dans les onze espèces de nerprun (*Rhamnus*)
qui croissent en France, en y comprenant le jujubier ordinaire, *Ziziphus vulgaris*, Lam., et le porte-chapeau, *Paliu-
rus aculeatus*, Lam., il s'en trouvera quelques unes dont les
feuilles seront propres à la nourriture de la chenille du *Phalæna paphia*. Mais dans le cas où aucun de nos végétaux indigènes ne pourrait suppléer le badamier et le jujubier
dont elle se nourrit au Bengale, le territoire d'Alger est, à
ce que croit M. Lamarepicquot, par l'élévation de sa température, propre à la culture des deux arbres des Indes qui
fournissent à ce nouveau ver à soie sa nourriture ordinaire,
et Alger pourrait ainsi devenir pour lui une nouvelle patrie.

Déjà M. Lamarepicquot a tenté, par des envois de l'insecte
pris dans différens âges, et notamment sous la forme d'œuf,
de naturaliser cette intéressante chenille dans l'île Bourbon,
qui possède les végétaux dont elle se nourrit ; mais jusqu'à
présent, toutes ses tentatives ont échoué. On peut croire que
si ce zélé naturaliste eût pu surveiller lui-même ce qu'il y
avait à faire pour vaincre les difficultés que peut présenter
l'éducation de ces chenilles dans l'île Bourbon, il eût eu plus
de succès.

Roxburgh s'était borné à exprimer le désir de voir le *Phalæna paphia* naturalisé en Europe, mais il n'avait fait d'ailleurs aucun effort pour l'y introduire. M. Lamarepicquot,
au contraire, a rapporté lui-même en France une assez
grande quantité de cocons de ce merveilleux insecte ; il était
parvenu à l'y transporter dans un état parfait de conserva-

(69)

tion , et c'est par des circonstances accidentelles qu'il a, pour
ainsi dire, fait naufrage au port. Espérons qu'une autre
fois il sera plus heureux, s'il lui arrive de retourner dans
l'Inde, comme il en a le projet, et qu'il parviendra à enri-
chir notre patrie d'une nouvelle branche d'industrie agricole
qui pourra contribuer par la suite à la prospérité de nos
manufactures et de notre commerce. En effet, la soie de ce
nouveau bombice a des qualités différentes de celles que présente le bombice du mûrier ; étant plus forte, plus durable ,
elle peut servir à d'autres usages dans les arts : ainsi on en
fait, aux Indes, outre diverses étoffes, des filets, des lignes
de pêcheur, etc.

Rumphius fait mention d'une chenille qui a de grands rapports avec celle qui précède, et sur laquelle je viens d'entrer dans d'assez longs détails, mais qui en diffère parce
qu'au lieu de demeurer huit à neuf mois à l'état de chrysalide, elle ne reste que trois semaines dans son cocon. Le naturaliste hollandais a laissé une très bonne description de cet
insecte, qui est insérée dans l'édition de son *Herbarium am-
boinense,* par Burmann, vol. 3, p. 113, 114. La figure qui
représente le cocon et la chenille, pl. 75, est très médiocre,
mais le papillon est fort bien. Cette chenille a été découverte
dans l'île d'Amboine en 1691 ; elle vit sur le *Mangium ca-
seolare rubrum* de Rumphius, qui est le *Sonneratia acida* de
Linné fils ; son cocon est porté sur un pédicule comme celui
du *Phalæna paphia,* et la soie en est blanche.

Dans le mémoire cité de Roxburgh, cet auteur, p. 42,
parle d'une autre chenille, celle qu'il appelle *arrindy-silk
worm,* qui vit sur le ricin, *Ricinus communis.* Cette chenille,
dont il donne la figure, pl. 3, est à peu près de la grosseur
du ver à soie ordinaire ; elle fait un cocon qui ne diffère pas
beauconp pour le volume de celui de ce dernier, mais qui
s'en distingue parce qu'il est plus alongé, et pointu aux
deux extrémités. Le papillon de cette espèce est le *Phalæna
cinthia,* figuré par Cramer, pl. 39, *fig.* A.

Cet autre ver à soie se trouve dans l'intérieur du Bengale,

dans les districts de *Dinagepore* et *Rungpore*. Les Indiens l'élèvent en domesticité, et le nourrissent entièrement avec les feuilles du ricin commun, qui est abondamment cultivé dans cette partie de l'Inde, sous le rapport de l'huile qu'on tire de ses graines. Les chenilles atteignent le terme de leur croissance, qui est de 2 pouces et demi à 3 pouces de long, dans l'espace d'environ un mois, et elles font pendant ce temps trois ou quatre mues. Leur couleur dominante est d'un vert pâle. Les cocons sont jaunes ou blancs, d'une texture molle et délicate ; ils ont en général 2 pouces de longueur, 1 pouce d'épaisseur, et se terminent en pointe à chaque extrémité. La chrysalide n'y reste renfermée que dix à douze jours, selon la plus ou moins grande élévation de la température. Le papillon en sort au bout de ce temps par une des extrémités, et vit de quatre à huit jours pour s'accoupler et pondre : on peut le garder dans la chambre sans qu'il cherche à s'échapper. La femelle pond un grand nombre d'œufs blancs, et de la grosseur d'une tête d'épingle.

Les fils du cocon sont si délicats qu'il est impossible de dévider cette soie ; mais on la file comme le coton. Il faut seulement mettre pendant quelque temps les cocons dans l'eau froide, avant de les soumettre à cette opération. Le fil ainsi préparé sert à tisser une étoffe grossière et lâche en apparence, mais qui dure d'une manière incroyable, la vie d'une personne étant rarement suffisante pour user un vêtement de cette étoffe. Les tissus de cette espèce sont d'une grande solidité, comme il vient d'être dit ; mais lorsqu'ils sont sales, il faut ne les laver qu'à l'eau froide, autrement ils se déchirent comme de vieux habits.

Roxburgh ajoute que les Indiens, lorsqu'ils filent les coques de cette chenille du ricin, mêlent à leur soie celle qu'ils retirent en même temps d'une autre sorte de cocons sauvages, qu'ils récoltent sur une espèce de manguier.

L'insecte du *Phalæna cinthia*, restant au moins dix mois de l'année à l'état d'œuf, sera sous ce rapport facile à transporter en France ; ensuite le ricin, qui sert de nourriture à sa larve, étant chez nous une plante annuelle, qu'on peut cultiver partout, les essais pour naturaliser cette nouvelle chenille à soie dans notre pays ne présentent presque aucune difficulté.

Au sujet de la matière gommeuse par laquelle sont collés ensemble les fils des cocons ourdis par les différentes espèces de chenilles dont il vient d'être question, je crois devoir faire une observation qui me paraît nouvelle : c'est que les fils des coques de tous les insectes qui sont destinés par la nature à passer neuf à dix mois dans leur cocon, comme les chrysalides des vers sauvages de la Chine, de notre grand-paon, des trois bombices de l'Amérique septentrionale et du *Phalœna paphia;* les fils, dis-je, de toutes ces coques sont fortement agglutinés ensemble avec une matière qui paraît être gommo-résineuse, tandis que c'est de la simple gomme dans les cocons de notre ver à soie et de la chenille du ricin, où les chrysalides ne doivent passer qu'un temps assez court. La substance gommo-résineuse dont sont enduits les fils des premiers les préserve bien mieux des intempéries de l'atmosphère, et surtout des pluies contre lesquelles une simple gomme eût été impuissante.

Pour ne rien omettre de ce qui est parvenu à ma connaissance sur les vers à soie sauvages, je dirai qu'on pourra trouver de curieux renseignemens sur les vers à soie connus des anciens dans un mémoire que M. Latreille, membre de l'Académie des sciences, a publié dans les *Annales des sciences naturelles du mois de mai* 1831, et dans lequel il a cherché à éclaircir les passages obscurs des auteurs de l'antiquité.

Je dois aussi appeler l'attention sur quelques autres cocons plus ou moins extraordinaires, principalement le suivant.

Dans un des cadres de la collection de papillons placée dans les galeries supérieures du Muséum d'histoire naturelle, au Jardin des Plantes, il y a une sorte de nid formé par une agglomération de coques dont les chenilles se réunissent pour filer en société, et qui appartiennent probablement à une espèce de bombice exotique. Ce nid paraît avoir été sus-

pendu à une branche. Il est à peu près pyriforme, long
d'environ 1 pied, large de 4 pouces, épais de 3 ou à peu près,
et revêtu, sur une de ses faces et sur les côtés, d'une sorte
d'enveloppe soyeuse dont la couleur, dans l'état de conservation où je l'ai vu, est d'un blanc sale, ainsi que celle des
cocons, qui paraissent avoir été disposés horizontalement, et
dont un bout s'ouvre par un petit trou arrondi et sur la
surface qui est à découvert. Ces cocons sont au nombre d'environ deux cents, placés les uns à côté des autres sans aucun
intermédiaire, et de manière que la coupe transversale d'un
groupe de ces cocons ressemble, en quelque sorte, à des al-
véoles d'abeilles, si ce n'est que les cellules qu'ils forment
sont beaucoup moins régulières, les unes étant à cinq pans
rarement égaux, d'autres à quatre, quelques uns enfin étant
irrégulièrement arrondis. Chacun de ces cocons, pris isolé-
ment, ressemble presqu'à un cocon de ver à soie ordinaire ;
il a 18 à 20 lignes de longueur, et environ 6 d'épaisseur.
Ils sont formés, ainsi que leur enveloppe générale, d'une
matière soyeuse fort douce au toucher, mais qui n'est pas
susceptible d'être dévidée ; elle pourrait, je crois, se carder
et ensuite être filée. Il y a trente-cinq à trente-six ans que
M. Dufresne, chef du laboratoire de zoologie au Muséum
d'histoire naturelle, a trouvé ce nid dans les magasins de
l'établissement, et l'a disposé dans les galeries de la manière
dont on le voit encore aujourd'hui ; il ignore d'ailleurs de
quelle contrée du globe il a été apporté.

Dans un des coins inférieurs du même cadre est exposé un
autre nid ayant l'apparence d'un gros cocon ovoïde, long de
4 pouces sur 2 d'épaisseur. Cet autre nid est traversé, dans
toute sa longueur, par une petite branche fourchue ; M. Dufresne croit qu'il est formé, comme le précédent, par plusieurs cocons dont les chenilles se sont réunies pour le faire
en société. Ce nid et le précédent ne seraient-ils pas dus à
une autre espèce d'insectes que les Bombices ?

Dans un autre cadre des mêmes galeries sont encore sans
désignation plusieurs cocons de différentes dimensions, de-

puis 9 à 10 lignes jusqu'à 3 pouces de longueur, et apparte
nant à 15 ou 16 espèces de papillons. La matière soyeuse est
facile à reconnaître dans plusieurs ; les autres sont trop petits, ou leur tissu ne paraît nullement propre à être employé pour en retirer un fil quelconque.

Savary, dans ses *Lettres sur la Grèce*, rapporte, page 22,
qu'un Provençal établi dans l'île de Château-Rouge, sur les
côtes de la Caramanie, lui a assuré avoir trouvé, dans les
montagnes de cette dernière province, des cocons d'une soie
blanche et fine, beaucoup plus gros que les cocons des vers
à soie ordinaires. Les chenilles étaient noirâtres, plus grandes
aussi que le ver à soie, et elles se nourrissaient des feuilles
d'un arbre différent du mûrier. On peut, ce me semble,
d'autant plus ajouter confiance à ce qui précède, que le fait
rapporté par Savary lui a été communiqué par un homme
dans le pays duquel les vers à soie sont bien connus, et
qui n'a pu les confondre avec un autre insecte.

J'ai cru faire une chose utile en ajoutant ces recherches
sur les vers à soie sauvages et leurs produits, à mes observations pratiques sur les mûriers et les vers à soie, et en appe-
lant sur ce sujet, presque entièrement neuf, l'attention des
naturalistes, des voyageurs, des agronomes et des com-
merçans.

On me dira peut-être que, dans l'état actuel de notre
industrie, lorsque nous avons abondance de tissus de toutes
sortes ; lorsque la laine nous fournit les draps les plus solides
et les plus chauds ; lorsqu'avec le duvet de Cachemire et la
soie on forme les étoffes les plus moelleuses et les plus bril-
lantes ; lorsque le coton, le chanvre et le lin nous donnent
des mousselines et des toiles qui joignent à l'éclat de la blan-
cheur la finesse et la transparence, il n'est pas besoin de chercher de nouvelles substances pour augmenter la matière de
nos vêtemens.

Je répondrai que les besoins des peuples soumis depuis
long-temps à la civilisation sont bien différens de ceux des
hommes qui ne font que de la commencer. Chez ces derniers,

les vêtemens sont aussi simples que la nourriture est frugale; il ne leur faut, pour se mettre à l'abri de la rigueur des saisons, que la dépouille de quelques animaux, ou les tissus les plus grossiers. L'eau pure leur suffit pour boisson, comme pour nourriture la chair du gibier ou de quelques bestiaux, avec un petit nombre de fruits ou de graines. Chez les premiers, au contraire, ce ne sont plus les besoins de la nature qu'il faut satisfaire, mais ce sont ceux du luxe, qui sont sans bornes, et qui ont multiplié à l'infini tout ce qui tient à deux choses si simples en elles-mêmes, la nourriture et le vêtement. Là il y a toujours à faire dans l'un comme dans l'autre cas, parce que l'excès de la civilisation chez les peuples les porte à n'être jamais contens de ce qu'ils ont, dès qu'ils le possèdent avec facilité, et ce qu'ils ont le plus désiré cesse bientôt de leur être agréable, dès qu'ils peuvent en jouir sans difficulté, car la jouissance détruit bientôt pour eux le charme que la nouveauté y avait d'abord attaché.

Pour terminer sur ce sujet, ce qui prouve que nous n'avons pas trop de matières premières pour nos tissus et nos étoffes, c'est que, pour varier leur texture, leur consistance, leur aspect, on associe aujourd'hui la soie à la laine, au coton, et celui-ci aux fils de chanvre et de lin. Par conséquent, des soies ou des duvets soyeux, cotonneux, d'une nature différente de ceux que nous connaissons déjà, trouveraient bientôt leur emploi dans nos manufactures.

FIN.

9 782019 926083